Public
Building
Safety
and
Fire
Protection
Design

省级一流本科课程建设成果教材
普通高等教育教材

公共建筑安全与防火设计

张彤彤　主编

化学工业出版社

·北京·

内容简介

为更好地服务于广东省一流课程"公共建筑安全与防灾设计",本教材聚焦其主要教学内容,根据教学大纲和授课模式,重构教材内容与框架,形成理论专题和实践实验教学两部分主要内容。其中,理论专题包括公共建筑火灾发展机理、控制火灾荷载、防止火灾蔓延、人员安全疏散、消防救援等内容,通过大量的实际案例辅助建筑学等专业学生较好地理解建筑火灾相关原理性问题;实践实验教学包括公共建筑火灾危险性调研与评估、公共建筑火灾安全疏散实景实验、公共建筑火灾安全疏散虚拟仿真实验等内容,通过记录往届学生实践实验的全过程实例,方便学生快速理解该环节的教学目的及操作要点。

本书主要用于建筑学、城乡规划、消防工程等专业的本科教材,也可供职业院校相关专业作为教材参考,还可作为建筑师、城乡规划师、消防工程师、备考注册消防工程师人员,以及相关执业人员的学习手册。

图书在版编目(CIP)数据

公共建筑安全与防火设计 / 张彤彤主编. -- 北京 :
化学工业出版社,2025. 8. -- (省级一流本科课程建设
成果教材)(普通高等教育教材). -- ISBN 978-7-122
-48687-5

Ⅰ. TU242;TU892

中国国家版本馆 CIP 数据核字第 202522CX30 号

责任编辑:李旺鹏　　　　　　　　装帧设计:孙　沁
责任校对:李　爽

出版发行:化学工业出版社
　　　　　(北京市东城区青年湖南街13号　邮政编码100011)
印　装:北京宝隆世纪印刷有限公司
787mm×1092mm　1/16　印张13½　字数250千字
2025年9月北京第1版第1次印刷

购书咨询:010-64518888　　　　　　售后服务:010-64518899
网　　址:http://www.cip.com.cn
凡购买本书,如有缺损质量问题,本社销售中心负责调换。

定　　价:68.00元

主编

张彤彤

参编

袁　磊　　肖　靖　　李晓光　　王汉良

孙　晴　　陈俊廷　　温克寒　　李　昊

支持项目

广东省本科高校教学质量与教学改革工程建设项目

深圳大学高水平大学建设项目

深圳大学研究生金课建设项目

国家自然科学基金面上项目（52578032）

亚热带建筑与城市科学全国重点实验室项目（2023ZB11）

前言

城市高密度发展下的各类公共建筑空间系统紧密联系，复杂衔接，对传统规划及建筑设计体系的观念与技术提出挑战，其安全防灾问题已成为国际性难题。长久以来，建筑安全设计因其关乎人员生命安全底线，成为公共建筑设计（尤其是超大复杂公共建筑设计）的核心议题，其防火技术更是推动近年来高密度城市建筑发展的主因之一。在此背景下，建筑防灾减灾领域的研究成为现阶段建筑学研究的新兴领域，备受关注。

建筑安全与建筑空间、功能、形态等一系列设计要素一样，需在方案设计之初就被充分考量。国内亟需培养具备安全设计视角的建筑学人才，从建筑学语境出发，综合分析、设计、审验并优化建筑工程设计资料。建筑安全与防灾类课程的建设对培养德才兼备的防灾减灾综合型建筑学人才至关重要。

以建筑防火设计为主导的超大复杂公共建筑的更新与设计需同时兼顾造型审美、空间形态、场地活化和消防安全等要素之间的现实需求，然而，通行设计流程却呈现出一种"方案先行，消防后期论证"的做法，这会因专业壁垒而导致空间设计和消防设计之间的割裂，消防设计方案无法从建筑学层面主动回应公共建筑复杂的灾害场景，不利于从根本上解决高密度城市公共建筑的安全问题。

这种现象对建筑学专业人才培养也造成了深远的影响，建筑安全与防灾类课程虽作为建筑学专业重要课程之一，却因教学内容枯燥复杂，且与主干设计课相脱节，而成为建筑学课程群中不被重视的一部分。传统的建筑安全与防灾类课程教学以理论结合案例的讲授方式为主，此种教学方法常采用案例来帮助学生理解，然而往往学生对相关知识的掌握依旧有限，且学习兴趣难以被激发。单纯的案例教学无法提取出灾害机理及规律，基础理论与案例无法相互支撑，同时多数学生未经历过灾害环境，并不能对其关键问题有真实体会，导致其对于安全设计的理解依旧只能依赖对规范条款的死记硬背，对规范背后的逃生机制及其设计原理缺乏认知。

针对此问题，近年部分同类课程尝试引入实践教学环节，通过参观真实建筑项目的方式帮助学生认识建筑防灾设计策略，还有些同类课程将教学目标聚焦到建筑灾害场景的认知上，采用虚拟仿真技术辅助学生体验真实灾害环境，这些实践实验活动的置入在一定程度上提升了学生的认知，打通了实践和理论的壁垒。随着高校虚拟仿真平台的广泛建设，多样化的实践实验类教学活动对传统教学方式的优化，一定程度上改变了现有困境，成为此类课程发展的新趋势。

深圳大学"公共建筑安全与防灾设计"课程也对其教学体系进行了改革，不再按照规范章节逐一进行知识要点的讲授，而是采用"原理—专题技术内容—前沿拓展"的方式重构课程内容，提出"从原理看规范，从实践看设计"，强调"为什么设计"，而不是"怎么设计"。同时，将实验实践教学融入全过程理论教学中，增设调研实践、现场场景实验、虚拟仿真实验等一系列教学活动，弱化"防火规范"的绝对权威性，强调以研究为导向，学生自己探寻生活中的建筑火灾隐患，积极讨论，应对难点问题。

新的教学体系的解决思路为：①通过"公共建筑火灾危险性调研与评估"认知生活场景中的火灾隐患；②通过真实环境下"公共建筑火灾安全疏散实景实验"体验建筑空间尺度与疏散行为的关系；③通过"公共建筑火灾安全疏散虚拟仿真实验"感受建筑火灾环境下人员逃生的心理状态和路径选择，反观自己设计作品中存在的不足，加深对建筑火灾的感知与防火设计敏感度。本课程的理论学习与实践实验学习活动相辅相成，始终沿着从基础逐步深入至高阶的学习轨迹前进，整个教学过程从学生的视角和思路出发，在学习的不同阶段，逐步推进各项教学活动，确保每一环节都具备适当的挑战性，形成了如下图所示的"导学、助学、促学"的教学体系。

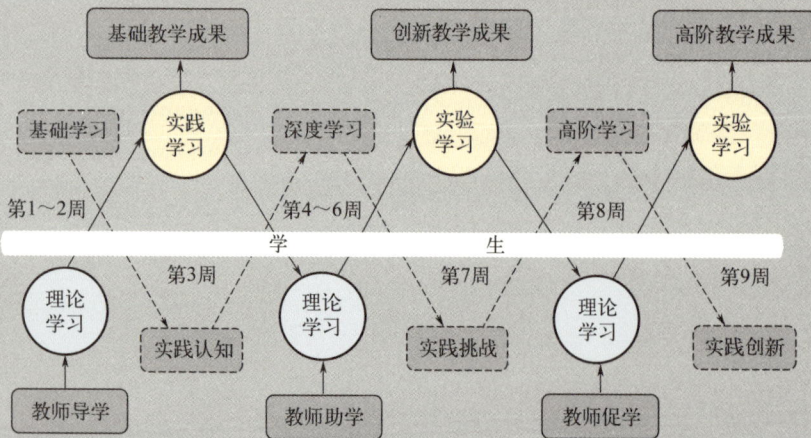

本教材正是基于此教学改革过程及成果进行编撰，旨在引导建筑学等专业学生真正理解：掌握建筑防火规范的关键在于对规范背后逻辑的洞察，深入探索防火设计的核心原理和策略，而非对规范字面要求与数值的简单记忆。与消防员的职责不同，建筑师在防火设计中扮演着规则制定者的角色，其任务是理解规范背后的科学原理，从而在设计中预见潜在的火灾风险，并制定出有效的预防和保护措施。消防员所关注的是火灾发生后的应急响应和执行既定的消防规程，而建筑师则需要在火灾发生前，通过设计来预防火灾或减少火灾可能造成的损害。这种预防性的思维方式，要求建筑师不仅要了解建筑的物理特性，还要理解火灾发生和发展的机理，以及人员在紧急情况下的行为模式。在建筑学的视野下，公共建筑防火设计关注的是公共建筑火灾发展及人员疏散的基本原理和空间设计策略，包括公共建筑火灾发展机理，控制火灾荷载、防止火灾蔓延、人员安全疏散、消防救援等设计内容，这些设计内容也共同构成了建筑安全的核心议题。此外，教材还将教学过程中的三次实践、实验教学活动的教学过程和教学成果分别编写为三个章节，为教学设计提供指引。

书中如有不妥之处，敬请读者批评指正。

编者
2025 年 7 月

目录

1　第1章　概述

2　1.1　基本概念及辨析
3　1.2　建筑火灾及其危害
6　1.3　建筑火灾案例及其特点
13　1.4　建筑防火设计主要内容
14　课后思考题

15　第2章　公共建筑火灾发展机理

16　2.1　火灾发展过程
16　2.1.1　火灾增长模型
18　2.1.2　火灾发展类型
21　2.1.3　热释放速率
22　2.1.4　火灾荷载
26　2.2　建筑火灾蔓延
26　2.2.1　火焰蔓延
27　2.2.2　烟气蔓延
28　2.3　火源烟流模型
29　2.4　火灾烟气的危险性
32　课后思考题

33　第3章　控制火灾荷载

34　3.1　火灾荷载的现存问题
34　3.1.1　火灾荷载超标
36　3.1.2　火灾荷载分布不均匀
37　3.1.3　火灾荷载的使用场景不明确
39　3.2　火灾荷载控制
40　3.2.1　固定火灾荷载的控制
47　3.2.2　活动式火灾荷载及临时性火灾荷载
　　　　　的控制
52　课后思考题

53　第4章　防止火灾蔓延

56　4.1　防止火焰蔓延

56　4.1.1　防火间距
60　4.1.2　防火分区
67　4.1.3　防火分隔
73　**4.2　防止烟气蔓延**
73　4.2.1　防烟分区
73　4.2.2　防烟分隔
74　**课后思考题**

75　**第 5 章　人员安全疏散**

76　**5.1　基本概念及辨析**
89　**5.2　安全疏散的设计原则**
89　5.2.1　疏散路径
89　5.2.2　安全疏散距离
90　5.2.3　安全疏散时间
91　5.2.4　安全出口
91　5.2.5　消防设施
93　**5.3　安全疏散设计内容及步骤**
94　5.3.1　总疏散宽度的计算
96　5.3.2　疏散门数量的计算
97　5.3.3　疏散门与安全出口的布置
98　**课后思考题**

99　**第 6 章　消防救援**

100　**6.1　消防救援设施与建筑发展**
103　**6.2　消防车道**
104　6.2.1　消防车道的设置方式
104　6.2.2　消防车道的设计要求
107　**6.3　消防救援场地**
107　6.3.1　消防车登高操作场地
108　6.3.2　消防车登高面
109　**6.4　消防电梯**
110　**6.5　救援停机坪**
111　**6.6　消防安全实训实例**
115　**课后思考题**

116　**第 7 章　公共建筑火灾危险性调研与评估**

117　**7.1　科研办公楼火灾危险性调研与评估**
117　7.1.1　建筑消防设备
119　7.1.2　建筑平面防火设计
120　7.1.3　建筑安全疏散设计
121　7.1.4　危险性评估
122　**7.2　图书馆火灾危险性调研与评估**
123　7.2.1　建筑总平面设计
123　7.2.2　建筑消防设备
126　7.2.3　建筑平面防火设计
127　7.2.4　建筑安全疏散设计
128　7.2.5　危险性评估
130　**7.3　学生宿舍火灾危险性调研与评估**
130　7.3.1　建筑消防设备
132　7.3.2　建筑平面防火设计
133　7.3.3　建筑安全疏散设计
133　7.3.4　危险性评估
135　**7.4　地下车库火灾危险性调研与评估**
135　7.4.1　建筑总平面设计
137　7.4.2　建筑平面防火设计
138　7.4.3　安全疏散设计
138　7.4.4　危险性评估
139　**课后思考题**

140　**第 8 章　公共建筑火灾安全疏散实景实验**

141　**8.1　科研办公楼火灾安全疏散实验**
141　8.1.1　实验场地概况
141　8.1.2　实验策划
144　8.1.3　实验结果分析
145　**8.2　图书馆火灾安全疏散实验**
145　8.2.1　实验场地概况

145 8.2.2 实验策划

147 8.2.3 实验结果分析

151 8.3 学生宿舍火灾安全疏散实验

151 8.3.1 实验场地概况

152 8.3.2 实验策划

153 8.3.3 实验结果分析

154 8.4 商业综合体火灾安全疏散实验

154 8.4.1 实验场地概况

155 8.4.2 实验策划

158 8.4.3 实验结果分析

160 课后思考题

**161 第 9 章 公共建筑火灾安全
疏散虚拟仿真实验**

162 9.1 剧院火灾安全疏散虚拟仿真实验

162 9.1.1 剧院建筑疏散问题

162 9.1.2 实验方案

163 9.1.3 实验过程及方法

164 9.1.4 实验结果分析及设计优化

170 9.2 体育馆火灾安全疏散虚拟仿真实验

170 9.2.1 体育馆建筑疏散问题

171 9.2.2 实验方案

171 9.2.3 实验过程及方法

173 9.2.4 实验结果分析及设计优化

**183 9.3 超高层综合体火灾安全疏散虚拟
仿真实验**

183 9.3.1 超高层综合体建筑疏散问题

184 9.3.2 实验方案

184 9.3.3 实验过程及方法

188 9.3.4 实验结果分析及设计优化

192 9.4 书店火灾安全疏散虚拟仿真实验

192 9.4.1 建筑疏散问题

193 9.4.2 实验方案

193 9.4.3 实验过程及方法

196 9.4.4 实验结果分析及优化

**200 9.5 学生活动中心火灾安全疏散虚
拟仿真实验**

200 9.5.1 学生活动中心建筑疏散问题

200 9.5.2 实验方案

200 9.5.3 实验过程及方法

202 9.5.4 实验结果分析及设计优化

205 课后思考题

206 参考文献

第1章 概述

1.1 基本概念及辨析

1.2 建筑火灾及其危害

1.3 建筑火灾案例及其特点

1.4 建筑防火设计主要内容

1.1 基本概念及辨析

（1）什么是建筑防火设计？

建筑防火设计是指依据建筑材料、内外部装修材料的燃烧特性和高温条件下的力学性能，结合建筑结构特征、使用功能，综合分析建筑火灾发展和烟气蔓延规律，对建筑进行的满足最基本火灾安全要求的防火措施设计。建筑防火设计工作主要包括建筑类型及火灾类别划分、建筑耐火等级与耐火设计、总平面及平面防火设计、防火分区划分、结构防烟排烟设计、安全疏散设计、内外部装修防火设计、建筑防爆设计、灭火系统设置等多方面的内容。

（2）建筑防火与建筑消防的区别与联系

建筑防火与建筑消防是两个密切相关但有所区别的概念。两者的根本目标都是最大限度地减少人员伤亡和财产损失。前者主要关注建筑本身的空间设计及其各项指标的相互关系，从而预防火灾的发生，控制火灾的蔓延，为人员疏散提供便利的物理环境。而后者侧重于火灾发生后，如何有效地为受困者和消防员提供必要的救援设施，以便能够迅速、有效地进行灭火、撤离和救援行动。总的来说，建筑防火设计和建筑消防设计都是确保建筑安全、保护人们生命财产安全的关键环节，两者相辅相成，共同作为建筑火灾安全的重要组成部分。

在建筑学的领域中，建筑防火设计不仅仅是对规范的遵循，更是对建筑规范原理深层次的理解和应用。建筑防火规范是确保公共建筑安全的重要工具，但它们不应仅仅被看作是一系列硬性规定。作为建筑师，我们的角色不仅是规范的执行者，更是规范的创造者。比如规范中那些熟悉的数字——24m、50m、100m，这些数值并非随意设定，它们与消防设备的能力、当时的技术水平以及火灾发生时的实际情况密切相关。随着技术的进步，这些数值可能会发生变化，但它们之间的关系和制定这些数值的原理是不变的。避难层的设计便是一个典型的例子。在早期，避难层的设计并没有明确的规范指导，但随着经验的积累和对火灾理解的深入，避难层的设计原则逐渐形成，并纳入了现代建筑规范。了解这些规范的发展历程对于我们未来在制定或优化规范时具有重要的参考价值。

1.2　建筑火灾及其危害

（1）什么是建筑火灾？

火灾是火失去控制而蔓延的一种灾害性燃烧现象，通常包括森林、建筑、油类等火灾及可燃气体和粉尘爆炸。根据火灾发生的场合，火灾主要分为建筑火灾、森林火灾、工矿火灾、交通工具运输火灾等类型。其中，建筑火灾是指因建筑物起火而造成的危害。它对人类的危害最直接、最严重，这是由于各种类型的建筑物是人们生活和生产活动的主要场所。

建筑火灾起火原因多种多样，归纳起来大致可分为以下六类：

① 生活用火不慎，如吸烟、炊事用火、取暖用火、灯火照明、小孩玩火、燃放烟花爆竹、宗教活动用火等过程中用火不慎的情况；

② 生产作业不当；

③ 电气设备设计、安装、使用及维护不当；

④ 自然现象引起，如自燃、雷击、地震；

⑤ 纵火；

⑥ 建筑布局不合理，建筑材料选用不当。

（2）建筑火灾的危害

火灾危害是指火灾对人类生命、财产、环境和社会秩序可能造成的损害和影响。火灾相较于水灾、风灾、地震等其他自然灾害，具有更多的人为因素，因此其发生的频次较高。其中，建筑火灾是指在建筑物内部及其周边发生的火灾，通常由于各种原因，如电气故障、燃气泄漏、人为纵火、吸烟不慎等引起。火灾一旦发生，可能会迅速蔓延，造成严重的财产损失和人员伤亡。

据国家消防救援局统计，2024 年 1 月至 8 月，国家综合性消防救援队伍共接报处置警情 165 万起，出动人员 1777.6 万人次、消防车 318.4 万辆次，营救被困人员 14.8 万人、疏散遇险人员 16.9 万人。警情总量与 2023 年同期相比增加了 11.4%。在各类警情中，火灾扑救 66 万起，抢险救援 30 万起，社会救助 51.5 万起，这三类警情，与 2023 年同期相比，分别增加了 5.7%、2.4%、28.5%。其中，从火灾事故的总体情况看，66 万起火灾事故中，共死亡 1324 人、伤 1760 人，直接财产损失 49.2 亿元。与 2023 年同期相比，火灾起数和亡人数分别上升 1.4% 和 11.5%，死伤人数和财产损失分别下降 6.6% 和 13.5%。

从场所类型看，居民家庭和公众聚集场所的火灾仍然比较突出，其中，公共娱乐、宾馆、餐饮等场所火灾共 1.4 万起，较 2023 年同期上升了 45.5%。从建筑类型看，高层建筑的火灾亡人风险比较高。高层建筑火灾共 3.6 万起，死亡 203 人，火灾起数虽然只占总数的 5.4%，但亡人数占总数的 15% 以上。特别是发生了 2 起高层建筑重大火灾：江苏南京雨花台区"2·23"住宅重大火灾，造成 15 人死亡、44 人受伤，如图 1.1 所示；四川自贡汇东区"7·17"商场重大火灾，造成 16 人死亡、39 人受伤，如图 1.2 所示。从起火原因看，电气故障引发的火灾明显增多。因电气引发的火灾 20.8 万起，比 2023 年同期上升 14.4%，占总数的 31.4%，是火灾的主要原因。此外，用火不慎引发的火灾占总数的 21.5%，也是引发火灾比较多的原因之一。

图 1.1　江苏南京雨花台区"2·23"住宅重大火灾

图 1.2　四川自贡汇东区"7·17"商场重大火灾

建筑火灾的危害主要表现在以下几个方面：

① 人员伤亡：火灾可能导致严重的烧伤、窒息、中毒等伤害，甚至造成死亡；

② 经济损失：火灾会烧毁建筑物、设备、库存等，造成巨大的直接经济损失；

③ 文明成果破坏：火灾对于历史建筑和文化遗产的破坏，将导致不可挽回的文化损失；

④ 社会稳定受到影响：火灾事件可能引起社会恐慌，影响社会稳定和公共安全；

⑤ 城市基础设施破坏：火灾可能破坏电力、通信、交通等城市基础设施，影响城市的正常运行和居民的日常生活。

（3）建筑火灾的危险性分类

根据生产中使用或产生的物质性质及其数量等因素划分火灾的危险性，共分为甲、乙、丙、丁、戊五类，如表1.1所示。

表 1.1　生产的火灾危险性分类

生产的火灾危险性类别	使用或产生下列物质生产的火灾危险性特征
甲	1. 闪点小于28℃的液体； 2. 爆炸下限小于10%的气体； 3. 常温下能自行分解或在空气中氧化能导致迅速自燃或爆炸的物质； 4. 常温下受到水或空气中水蒸气的作用，能产生可燃气体并引起燃烧或爆炸的物质； 5. 遇酸、受热、撞击、摩擦、催化以及遇有机物或硫黄等易燃的无机物，极易引起燃烧或爆炸的强氧化剂； 6. 受撞击、摩擦或与氧化剂、有机物接触时能引起燃烧或爆炸的物质； 7. 在密闭设备内操作温度不小于物质本身自燃点的生产
乙	1. 闪点不小于28℃，但小于60℃的液体； 2. 爆炸下限不小于10%的气体； 3. 不属于甲类的氧化剂； 4. 不属于甲类的易燃固体； 5. 助燃气体； 6. 能与空气形成爆炸性混合物的浮游状态的粉尘、纤维、闪点不小于60℃的液体雾滴
丙	1. 闪点不小于60℃的液体； 2. 可燃固体
丁	1. 对不燃烧物质进行加工，并在高温或熔化状态下经常产生强辐射热、火花或火焰的生产； 2. 利用气体、液体、固体作为燃料或将气体、液体进行燃烧作其他用的各种生产； 3. 常温下使用或加工难燃烧物质的生产
戊	常温下使用或加工不燃烧物质的生产

注：引自《建筑设计防火规范（2018年版）》（GB 50016—2014）表3.1.1。

1.3 建筑火灾案例及其特点

（1）浙江台州温岭市台州大东鞋业有限公司"1·14"火灾

2014年1月14日14时40分左右，位于温岭市的台州大东鞋业有限公司发生了火灾。当地消防部门接到报警后迅速响应，全力进行救援，成功从火灾现场救出了17名被困员工。根据事后的统计，事故共造成16人死亡，5人受伤。火灾的过火面积约为1080m²，造成了重大的人员和财产损失，如图1.3所示。

图1.3 浙江台州温岭市台州大东鞋业有限公司"1·14"火灾现场

火灾的起点位于建筑的东北角，由于位于鞋厂东侧自建储藏间内电气线路故障，引燃了周围鞋盒等可燃物，随后火势蔓延。当时正值东北风强劲，风助火势，使火势迅速向1层主厂房方向扩散。主厂房内，各楼层的楼梯间未进行有效封闭，同时楼梯间内也堆放了大量纸箱、成品鞋以及其他易燃杂物，导致人群疏散逐渐无序。值得注意的是，2、3层的部分员工在紧急情况下，为快速撤离主楼，直接通过山墙的窗口跳到自建储藏间的棚顶进行逃生。然而悲剧就此发生，由于火灾产生的烟囱效应，使得烟气的热空气在储藏间的顶棚汇集（图1.4），加之顶棚的材质是铝板，不隔热，导致顶棚特别滚烫，使得跳到一层铁棚顶的人员遭遇了致命的高温和浓烟，最终导致不幸身亡。另一方面，主体厂房周围增设的单层铁皮棚凸出部分阻碍了消防车救援臂的伸展，导致救援人员难以进入主体厂房进行救援。

主体建筑   自建储藏室(烟囱效应)

图1.4 烟囱效应示意图

火灾启示： 在火灾荷载方面，在存在大量鞋盒的情况下，由于其火灾荷载种类的特殊性，即在燃烧过程中会释放大量的毒气，人员为了呼吸新鲜空气，失去理智，不走疏散楼梯而往山墙面的窗户跳下，落在此时已十分危险的铝皮棚顶。此外，随意堆叠的大量鞋盒导致火灾规模迅速扩大，火势迅猛。因此，工厂在存放可燃物时需采取分散的策略，并确保仓库具备必要的防火措施。在火势蔓延方面，烟气蔓延方向应与人员疏散方向保持一致，但该案例中未封闭的楼梯导致火势和烟雾与疏散方向冲突，使人吸入烟气。在人员疏散方面，由于人员趋光性导致人员往山墙面的窗户方向疏散，加之缺少定期逃生演练，疏散时出现了混乱和延误。在消防救援方面，违规加建严重阻碍救援工作的展开，因此必须确保救援场地有足够的空间让消防车开展救援。

（2）天津市蓟州区莱德商厦"6·30"火灾

2012年6月30日15时40分许，位于天津市蓟州区渔阳镇中昌北路3号的莱德商厦发生火灾，造成莱德商厦1～5层过火，火灾中10人死亡、16人受伤，直接经济损失达4926万元，如图1.5所示。

图 1.5　消防人员在莱德商厦火灾现场灭火

该案例起火点在建筑 1 层东南角，起因为电路故障，并迅速引发火情，火势通过外墙的灯箱向上蔓延，直至建筑第 5 层，不幸的是，该商场 5 层是床上用品售卖区，是可燃物集中区。火灾发生后，防火卷帘门未能正常工作，火势在商场内部的大空间中无阻隔地进行蔓延，很快便形成了立体燃烧。在此过程中，主要出入口因断电无法正常开启，使得大量人员逃生受到阻碍。同时，到场的救援车辆数量严重不足，并且受到行道树的影响，救援人员难以通过云梯进入到建筑内部进行救援，受困人员无法出来，救援人员无法进入，导致最终悲剧的发生。

火灾启示： 在火灾荷载方面，由于商场其建筑类型的特殊性，火灾荷载集中且可燃物分布密集，需要精确计算其火灾荷载量。在火势蔓延方面，由于缺乏空间分隔和防火墙，商场的火势蔓延速度比一般建筑快，其建筑特性决定了火灾蔓延的快速性。在人员疏散方面，所有出入口被堵塞，无法开启，这严重阻碍了人员的逃生。在消防救援方面，由于通道受限，救援工作难以展开，救人变得更加困难。这四个环节都出了问题，造成了严重的火灾事故。

（3）上海胶州路高层公寓"11·15"火灾

2010 年 11 月 15 日，上海静安区胶州路 728 号胶州教师公寓正在进行外墙整体节能保温改造，约在 14 时 14 分，大楼中部发生火灾。最终导致 58 人在火灾中遇难，71 人受伤，直接经济损失 1.58 亿元，如图 1.6 所示。

图1.6 上海胶州路高层公寓"11·15"火灾现场

该案例的起火点位于9楼，起因为10楼电焊工作业火星飞溅引燃9楼位置脚手架防护平台上堆积的聚氨酯硬泡保温材料碎块，起始火焰引燃了9楼表面的尼龙保护网与脚手架上的毛竹片。由于尼龙保护网是全楼相连的一个整体，火势便由此开始以9楼为中心蔓延，同时引燃了各层室内的窗帘、家具等易燃物。加之该层公寓的外墙保温材料未能达到应有的阻燃标准，保温材料内的空腔在烟囱效应的作用下迅速蔓延，导致楼体表面的燃烧扩散到全楼燃烧，并在楼体扩散中引燃各楼层室内住宅，很快便形成了立体燃烧，如图1.7所示。在此过程中，人员没办法及时逃生，救援人员用水枪难以抑制火势且飞机救援失败，最后遇难者死于房间内。

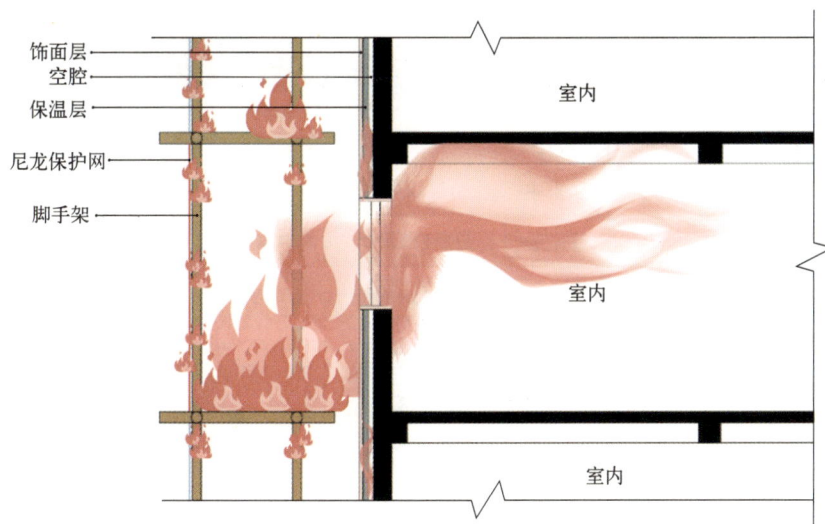

图1.7 火势蔓延过程

火灾启示：在火灾荷载方面，使用了大量尼龙网、毛竹片等易燃材料，导致火灾迅速蔓延。在火势蔓延方面，保温层以及窗间墙之间存在的空腔未进行有效分隔，使得火焰得以在建筑外部墙体间自由窜动，导致火势迅速扩散。在人员疏散方面，整个建筑被火和烟气包裹，人员向外疏散时烟气向内扩散，烟气蔓延方向和人员疏散方向相矛盾，导致人员很难及时逃离火场。在消防救援方面，大楼外部被火势包围，加之救援场地的局限性，很难深入展开救援工作。

（4）格伦费尔大厦火灾

2017 年 6 月 14 日凌晨 1 点，位于英国伦敦市西部肯辛顿地区的一栋高层住宅楼格伦费尔大厦因某户厨房着火而发生整栋大楼的火灾，死伤惨重。这场火灾燃烧了整整 60 小时，尽管有 250 多名消防员和 70 辆消防车参与救援，但仍然导致了 72 人丧生，是近年来最严重的火灾之一，如图 1.8 所示。

图 1.8　格伦费尔大厦火灾

该案例的起火点位于塔楼 4 层东北角的 16 号公寓厨房，起因为厨房中的冰箱起火，引燃了厨房内的可燃物。由于大楼外墙保温层与绝缘层均采用可燃材料，火势从厨房窜出后，迅速沿外墙蔓延到大楼的东面。大楼的外窗受热发生坍塌使得绝缘层与外饰层面的空腔中提供了一个"开口"，形成烟囱效应，如图 1.9 所示，火势快速沿着空腔肆意攀爬蔓延。加之当天风向的作用，随即从两个水平方向蔓延，并向上蔓延，直至建筑的顶部，使得整个大楼很快被火势包裹其中，如图 1.10 所示。在此过程中，由于"stay put"（留在原地）原则，人员没有及时逃生，且火势蔓延速率和过火区域之大均突破了消防救援能力的极限，最终导致大量人员丧生。

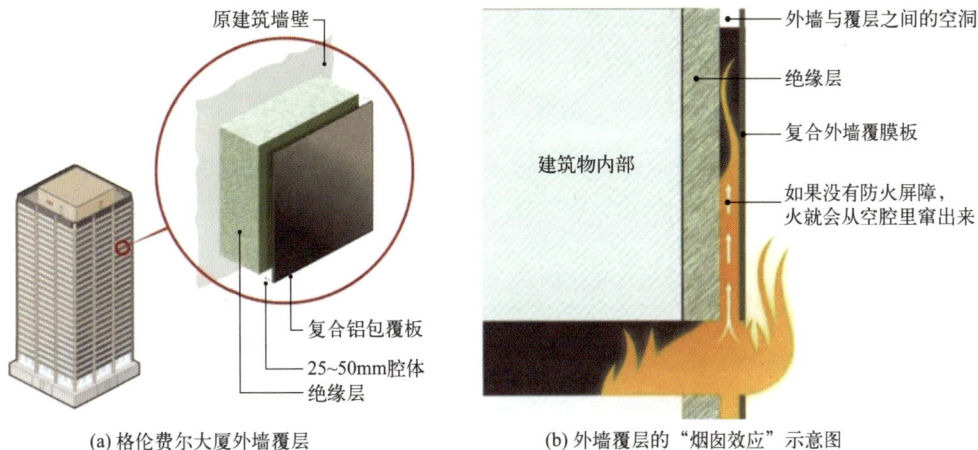

原建筑墙壁

复合铝包覆板
25~50mm腔体
绝缘层

(a) 格伦费尔大厦外墙覆层

外墙与覆层之间的空洞
绝缘层
复合外墙覆膜板
如果没有防火屏障，火就会从空腔里窜出来

建筑物内部

(b) 外墙覆层的"烟囱效应"示意图

图1.9 外墙覆层的烟囱效应

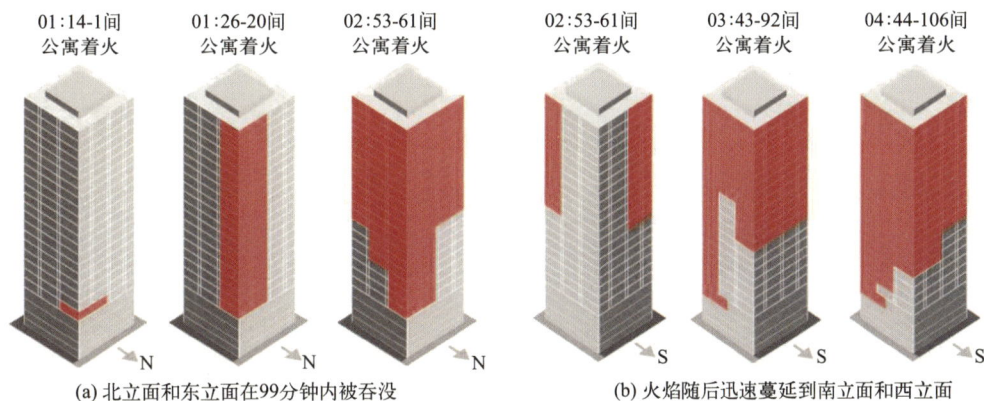

| 01:14-1间 公寓着火 | 01:26-20间 公寓着火 | 02:53-61间 公寓着火 | 02:53-61间 公寓着火 | 03:43-92间 公寓着火 | 04:44-106间 公寓着火 |

(a) 北立面和东立面在99分钟内被吞没　　　　(b) 火焰随后迅速蔓延到南立面和西立面

图1.10 火势蔓延方向

火灾启示： 从火灾荷载方面分析，该火灾为家用电器起火所导致。在火势蔓延方面，建筑外部与覆层之间的空腔没有进行阻隔加速了火势在外部墙体的蔓延，另外，室内防火分隔的缺失导致火势及烟气在建筑内部快速蔓延。在人员疏散方面，火灾发生时未及时引导居民逃生自救，缺乏其他外部辅助逃生手段。在消防救援方面，灭火救援设备受限及缺失，导致消防救援工作展开困难。

(5) 深圳市"12·11"荣健农副产品批发市场火灾

2013年12月11日1时26分，深圳市荣健农副产品批发市场发生重大火灾事故。该市场为典型的"三合一"场所，即经营、住宿和储存功能混合使用，存在众多安全隐患，最终造成16人死亡、5人受伤，过火面积1290m²，直接经济损失1781.2万元，如图1.11所示。

图1.11 深圳市"12·11"荣健农副产品批发市场火灾现场

该案例的起火点位于水果批发商铺内，起因为商铺内电器短路，触发了商铺内可燃物的燃烧，火势迅速蔓延。由于起火建筑空间大、跨度大且整体连通，烟气在店铺内和公共区域之间蔓延，加之商铺内墙使用铁网及聚氨酯泡沫等可燃材料分隔，造成火势迅速蔓延至其他商铺。同时市场内部存放大量密集的包装盒和农产品，在燃烧的过程中产生了浓重的烟雾和有毒气体，加剧了人员的中毒风险。在此过程中，由于疏散口在建筑两端，导致人员很难迅速逃出火场，并且消防水压不足，没办法通过消火栓进行有效扑救。

火灾启示： 在火灾荷载方面，建筑内存在大量的可燃物，增加了火势的规模并产生大量的烟气和有毒气体，危害人员生命安全。在火势蔓延方面，店铺与公共区域之间没有进行防火分隔，应采用防火卷帘而不是普通的卷帘。且内部没有承重墙和防火分隔，整体连通，使得火势不能控制在局部。在人员疏散方面，商铺未设置紧急疏散出口。在消防救援方面，消防设施失效，也缺少火灾紧急报警装置，存在很大的安全隐患。

在上述火灾案例中，在火灾荷载方面，当建筑内存在大量火灾荷载时，若未能妥善布置，一旦发生火灾，火势将迅速蔓延，且火灾荷载越大，火势规模越大。因此，对火灾荷载的控制和有序布置显得尤为重要。在火势蔓延方面，由于火势蔓延途径多样且速度快，如果建筑内部防火分隔措施不到位，火势将难以控制在局部范围内，进而蔓延至更广泛的区域，造成更严重的人员伤亡和财产损失。在人员疏散方面，疏散通道堵塞或无法正常开启，以及垂直疏散距离过远等因素，都会增加疏散难度，导致人员无法及时逃离火灾现场，从而被困于火海之中。在消防救援方面，救援通道的受阻、救援场地的限制以及救援人员到场时间的延迟等，都会影响救援效率。此外，当火势规模较大时，救援设备的局限性也会导致救援行动的延误。这些因素共同作用，决定了人员伤亡和财产损失的程度，如图1.12所示。因此，建筑火灾的特点如下：

① 火灾荷载大且复杂，内部结构复杂，设备繁多，可燃物多；

② 火势蔓延途径多、速度快，建筑越高，风速越大；

③ 安全疏散困难，垂直疏散距离远，疏散到安全场所需要较长时间；

④ 扑救难度大，扑救场地有限，消防设施难以达到要求。

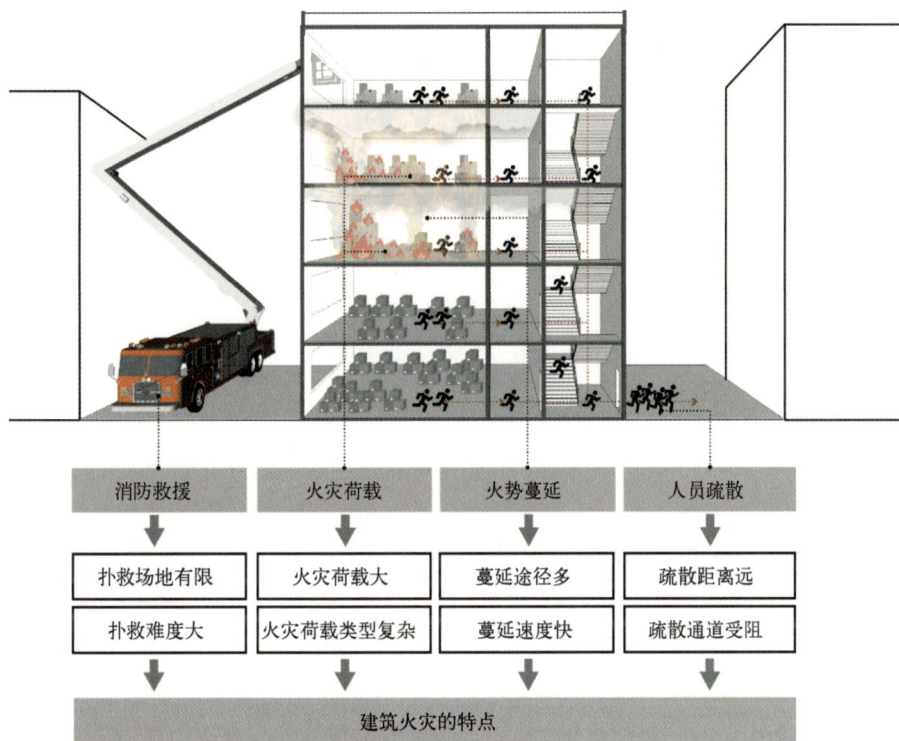

图1.12 建筑火灾的基本要素

1.4 建筑防火设计主要内容

根据对建筑火灾案例的分析，归纳其特点和难点，我们可以将建筑火灾的基本要素归纳为四个方面，即：火灾荷载、防火分隔、疏散问题和救援管理，这也全面地体现在现行的《建筑防火通用规范》（GB 55037—2022）中。建筑设计防火规范尽管因建筑技术的发展而不断更新，条款众多，但从公共建筑防火的难点出发，以应对和解决这四个核心问题为宗旨，我们可以在不断修订的建筑防火设计条款中看到万变不离其宗的公共建筑防火设计内容框架。基于上述考虑，本教材展开阐述的建筑防火设计主要内容为：控制火灾荷载、防止火灾蔓延、人员安全疏散、消防救援四个方面。

课后思考题

1. 什么是建筑防火设计？它与建筑消防设计有何区别和联系？请简要说明两者在目标和具体措施上的不同点。

2. 选择一个具体的建筑火灾案例，分析该案例中的起火原因、火势蔓延途径、人员疏散情况以及消防救援面临的挑战。

第 2 章　公共建筑火灾发展机理

2.1　火灾发展过程

2.2　建筑火灾蔓延

2.3　火源烟流模型

2.4　火灾烟气的危险性

2.1 火灾发展过程

2.1.1 火灾增长模型

火灾增长模型是用来描述一次火灾从开始到完全发展阶段的热释放速率随时间变化的数学模型。在该模型中，火灾的形成与发展可分为四个过程：起火期、成长期、全盛期与衰退期，如图 2.1 所示。基于该模型，对火灾燃烧过程进行分析和计算，可有效地控制烟气蔓延和烟气的排放，预估出人员疏散的安全时间，为消防人员提供更多的灭火救援时间。

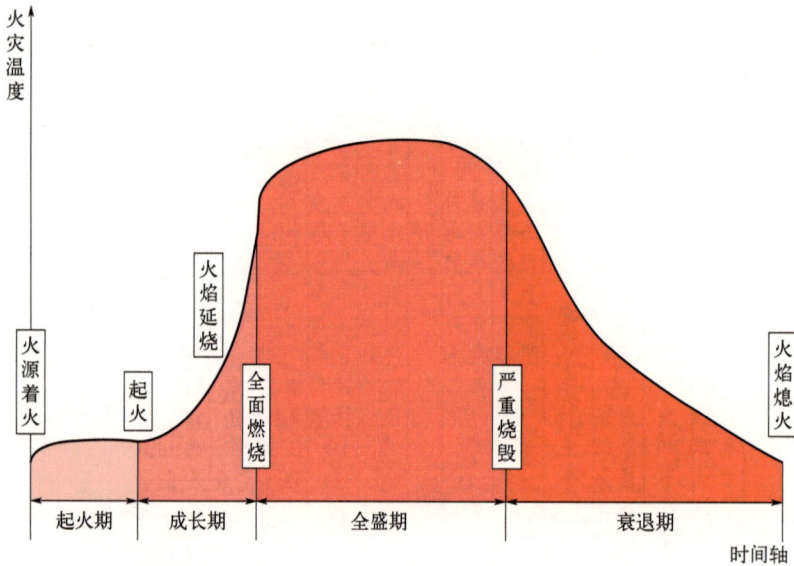

图 2.1　火灾增长模型

2.1.1.1　起火期

起火期是火灾发生的初始阶段，此时火势相对较小，热释放速率较低，该阶段是灭火和人员疏散的最佳时机。该阶段的燃烧不具备容易被人员所察觉的明火现象，这是一种无可见光的缓慢燃烧，通常伴随着烟雾和温度上升，并在一定的条件下可以转化为有焰燃烧，该阶段的这种燃烧通常被称为"阴燃"。起火期的燃烧与可燃物的属性有关，即可燃物的热容 C_p、密度 ρ 和导热系数 k，这三者共同决定了起火期可燃物燃烧的发展状况。$(k\rho C_p)^{\frac{1}{2}}$ 称为物质的热惯性，$k/(\rho C_p)$ 被称为热扩散系数。热惯性越高，越难被引燃。若物质被引燃，则需要吸收更多热量，并作用更长的时间。表 2.1 中列举了常见物质的热惯性。热扩散系数则反映了材料内部热量传播的快慢，热扩散系数越大，热量在材料中传播的速度越快，材料的热响应也就越迅速。

表 2.1　常见物质的热惯性

材料	热惯性 /[J/（m²·K·s¹ᐟ²）]	引燃温度 /℃	临界热通量 /（kW/m²）
平整胶合板（0.635cm）	0.46	390	16
平整胶合板（1.27cm）	0.54	390	16
破损胶合板（1.27cm）	0.76	620	44
硬纸板（6.35mm）	1.87	298	10
硬纸板（3.175mm）	0.88	365	14
硬纸板，光面涂料（3.4mm）	1.22	400	17
硬纸板，硝化纤维漆	0.79	400	17
刨花板（1.27cm，库存）	0.93	412	18
花旗松刨花板（1.27cm）	0.94	382	16
纤维绝缘板	0.46	355	14
聚异氰脲酸酯	0.02	445	21
硬泡沫（2.54cm）	0.03	435	20
软泡沫（2.54cm）	0.32	390	16
聚苯乙烯（5.08cm）	0.38	630	46
聚碳酸酯（1.52mm）	1.16	528	30
聚甲基丙烯酸甲酯，G 型（1.27cm）	1.02	378	15
聚甲基丙烯酸甲酯（1.59mm）	0.73	278	9
地毯 #1（羊毛，库存）	0.11	465	23
地毯 #2（羊毛，未处理）	0.25	435	20
地毯 #3（羊毛，处理过）	0.24	455	22
地毯（尼龙/羊毛，混合）	0.68	412	18

2.1.1.2　成长期

成长期是火势开始迅速增长，热释放速率增加的阶段。在该阶段中，可燃物经过了一段时间的阴燃后，放出了大量的热量，由局部燃烧转向全面燃烧。成长期具有一个火焰延烧的过程，在这个过程中火灾蔓延的状态取决于可燃物的性质等因素，进而影响火焰速率的增长快慢。总的来说，成长期的火势主要取决于该空间的可燃物数量。由于火焰对于前方的辐射热作用影响了火灾的蔓延速度，因此，为了更好地控制火焰与减轻火灾的影响，可通过控制火灾的蔓延方向，使其与空气流动的方向相反的方式减少辐射热作用，以遏制火灾蔓延的范围。同时，在火灾发展的成长期可通过消防喷淋等自救灭火的形式，降低火灾对建筑与人员的损害。

2.1.1.3　全盛期

全盛期是火灾达到最大热释放速率，火场中可燃物已经大部分被燃烧，火场温度到达最大值，燃烧范围最广泛的阶段。此时室内的可燃物会进入充分燃烧的阶段，火焰与烟气充满整个房间，建筑结构可能会损坏而发生倒塌事故，需要专业消防人员介入控制火势。若此时建筑结构倒塌或消防人员打开门窗而导致空气汇入，将使得温度骤然升高，短短几秒温度可达 600℃，使得火势再次扩大，这种温度迅速升高的现象称为"轰燃"。其原因在于火灾过程中，因空气中的含氧量不足，将产生大量高温可燃气体充满室内空间，当该空间因外部开启而形成空气流通口时，室内大量可燃气体会瞬间燃烧。因此，全盛期的火势主要取决于该空间的大小与通风的情况。

2.1.1.4　衰退期

衰退期是火势开始减弱，热释放速率下降的阶段，通常发生在初始可燃物剩余约 20% 的时候。虽然大多数火灾研究和消防专家更关注火灾的前三个阶段，但衰退期也涉及很多重要的问题。该阶段火焰可能因为燃料耗尽、氧气不足或其他干预措施而逐渐熄灭，但是若汇入空气，可能会导致部分未燃烧完全的可燃物再次复燃，因此该阶段不等于相对安全的状态。

因此，建筑防火研究的重点在于：如何抑制火灾的成长期，如何使得火灾的全盛期时间缩短，如何能防止火灾中轰燃的发生，以及如何使得火灾的衰退期提前。

2.1.2　火灾发展类型

众所周知，火灾是由燃烧引发的，而一次燃烧的形成与发展需要具备三个重要的元素，其分别为氧气、可燃物（燃料）与点火源（热量）。三者缺一不可并相互影响，才能形成火灾并持续扩大。在这三个要素中，火源是引发燃烧的必要条件，而氧气和可燃物的多少则决定着燃烧的规模和程度。因此，通过对氧气和可燃物的控制，可控制一次燃烧的发展过程，这就形成了我们常说的两种典型的火灾发展模式，分别为：燃料控制型火灾与通风控制型火灾。燃料控制型火灾与通风控制型火灾的模型比对如图 2.2 所示。

2.1.2.1　燃料控制型火灾

燃料控制型火灾是指在火灾发展过程中，可燃物的数量和配置是限制火灾增长的主要因素的火灾。在这种火灾中，有足够的氧气供应，火灾的热释放速率主要取决于可燃物的性质和表面积。这种火灾通常发生在像储藏室这样有良好通风条件的环境中。并且一般建筑多是室内空间较为开阔，有充足的氧气，所以传统火灾大多呈现出燃料控制型火灾的特点，如图2.3所示。

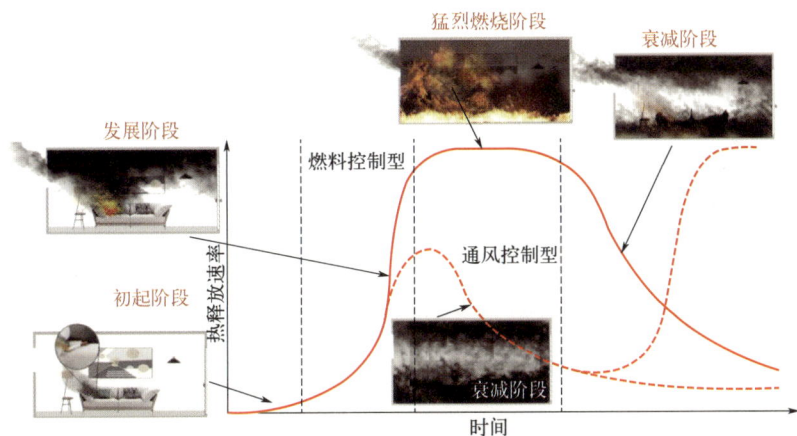

图 2.2　燃料控制型火灾与通风控制型火灾的模型比对

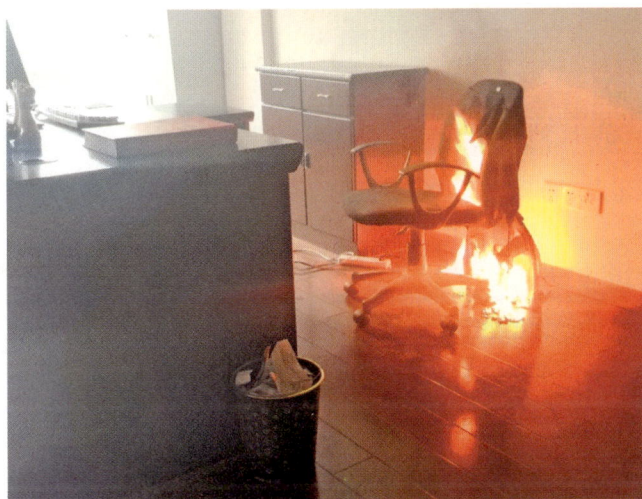

图 2.3　燃料控制型火灾

2.1.2.2　通风控制型火灾

通风控制型火灾是指火灾的增长受到通风条件的限制，氧气供应有限的火灾类型，如图2.4所示。火场的氧气供应量决定了火灾的热释放速率和增长速度，当通风条件受到限制，火灾会因为氧气供应不足而无法维持高速增长，从而限制了火灾的发展。在理想化的通风控制型火灾中，火灾的燃烧速率可根据流入房间内的空气量来确定并量化。在火灾发展的初起阶段，通风控制型火灾与燃料控制型火灾一样处于热释放速率缓慢升高的状态。在火灾的发展阶段，由于燃料控制型火灾处于氧气供应充足的状态，热释放速率将迅速增加；而由于通风控制型火灾处于通风受到限制的密闭空间内，无充足的氧气供应，使得火灾开始进入衰减阶段，热释放速率下降。若在衰减阶段，由于密闭空间破损而导致通风口出现，氧气持续供应使得火焰复燃，届时火灾将出现轰燃现象，并进入猛烈燃烧的阶段。在可燃物逐渐耗尽或通风再次受限后，火灾逐渐进入衰减阶段。

图 2.4　通风控制型火灾

在真实的建筑火灾发展过程中，火灾的通风受限与轰燃是不断交替进行的，如图 2.5 所示。在火灾发展的初期，氧气供应充足，此时火灾处于受燃料控制的发展阶段，火灾热释放速率持续上升。在火灾发展至一定程度后，由于火灾处于密闭空间内，通风受到限制而导致氧气供应不足，火灾进入初次衰减阶段，热释放速率开始降低。若在这个阶段中，由于窗户破裂或消防员打开门窗，外界的空气将持续灌入空间内并再次引燃内部的高温可燃气体，导致轰燃的发生，火灾再次进入猛烈燃烧的阶段。在火灾过程中，衰减与复燃是反反复复的，其往往伴随着新的通风口的出现，包括玻璃破碎、屋面破损、墙面破损、消防员意外打开门窗等情况。当今的建筑物火灾由于建筑材料、家具、家电等用品都是由合成材料制成，该类合成材料的燃烧特点为燃烧迅速而且热分解会生成很多未充分燃烧的颗粒，并进一步燃烧，耗氧量远远大于传统的木制家具，同时由于室内空间相对封闭，无法提供足够的氧气供可燃物进行充分燃烧。因此，建筑火灾中通风受限阶段较为多发。在火灾发展过程中，消防人员处理火情时应谨慎控制排烟口数量。火灾中的贸然排烟会引入大量的空气，并引燃火场的可燃烟气，使得短时间内发生轰燃，从而造成重大人员财产的损失。

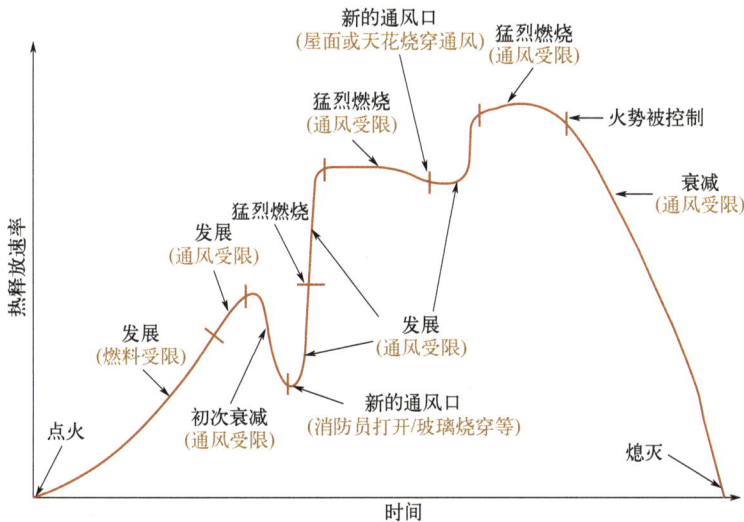

图 2.5　真实火灾发展过程

2.1.3　热释放速率

热释放速率是指在单位时间内，燃烧过程所释放出来的热量，其用来衡量火灾发展的强度和火源释放热量的快慢和大小。热释放速率越高，火灾的强度越大，产生的热量和烟雾也越多，同时对人员疏散和火灾扑救也提出了更高的要求。

在理想状态下，热释放速率若不受燃料和通风条件的限制，将呈现指数级增长，如图 2.6 所示，其中，t_{guf}、t_{gf}、t_{gm}、t_{gs} 分别指代超快速火、快速火、中速火、慢速火到达 1000kW 的热释放速率所需要的时间。

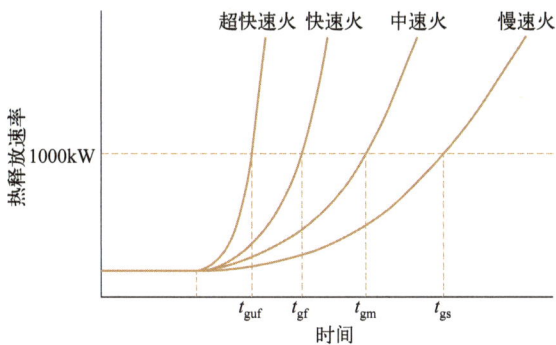

图 2.6　各类火灾热释放速率增长情况

然而，这种数学关系仅适用于火灾的成长期。在实际火灾中，成长期的火灾易于被人员发现且可通过实验进行量化。根据前文所述，火灾发展分为四个阶段：在起火期，火灾处于阴燃阶段，难以被人员察觉；在全盛期，由于结构倒塌引发的轰燃使火灾发展具有随机性，难以量化。相比之下，成长期的火灾处于氧气和燃料充足的阶段，火灾发展迅速且具有规律性。大量实验和经验表明，在火灾成长期，热释放速率与燃烧时间的平方成正比。

$$Q_f = \alpha t^2$$

式中　　Q_f——热释放速率，kW；

　　　　t——时间，s；

　　　　α——火灾增长系数，kW/s^2。

其中，α 用于描述火灾热释放速率随时间增长的快慢。α 的值取决于可燃物的性质、火灾环境条件以及火源特性。通过选择合适的 α 值，可以模拟不同类型的火灾，进而评估其对建筑物和人员的潜在危害。表 2.2 列举了火灾增长系数的参考值，表 2.3 列举了不同建筑物设计采用的火灾类别。

表 2.2　火灾增长系数参考值

火灾类别	代表性可燃材料	$\alpha/(kW/s^2)$	达到 $Q_f=1000kW$ 的时间 /s
慢速火	硬木家具	0.0029	600
中速火	棉质/聚酯床垫	0.012	300
快速火	装满的邮件袋、木制货架托盘、泡沫塑料	0.047	145
超快速火	油火、快速燃烧的装饰家具、轻质窗帘	0.187	75

表 2.3　不同建筑物设计采用的火灾类别

建筑类型	火灾类别	建筑类型	火灾类别
住宅寓所	中速火	旅馆接待处	中速火
建筑室	中速火	旅馆卧室	中速火
商店	快速火	画廊美术馆	慢速火

2.1.4　火灾荷载

2.1.4.1　火灾荷载的定义及计算

火灾荷载是指在一定空间内，所有可燃物质燃烧时可能释放出的总热量。火灾荷载是衡量建筑物内部容纳可燃物数量的重要指标，也是用于判定一段时间内一个房间或一栋建筑的火灾危险性的关键数值。火灾荷载根据其活动性质可以分为三种，分别为固定火灾荷载、活动式火灾荷载、临时性火灾荷载，如图 2.7 所示。

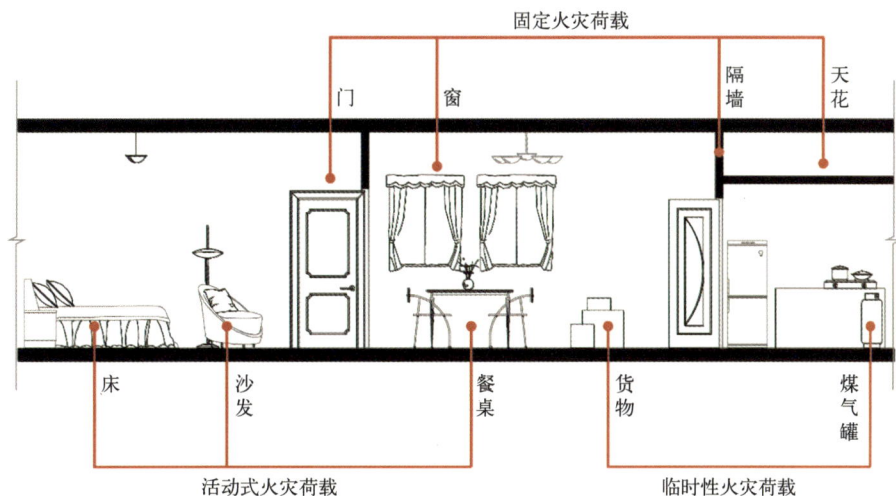

固定火灾荷载

门　窗　　　隔墙　天花

床　沙发　餐桌　货物　煤气罐

活动式火灾荷载　　　临时性火灾荷载

图 2.7　火灾荷载

固定火灾荷载一般是指由建筑构件和内部装修形成的、基本位置固定不变的可燃材料形成的火灾荷载，包括内置衣橱或碗柜、门及其框架、窗户及其窗台底板衬层、电气和管线线路（包括电源线和数据线）、管道（包括排水管道、废水管道、喷洒管道和气体管道）、保温材料、内置电器等所有类似的可燃材料。对于整体热量释放影响微不足道的小型物品，通常可以忽略不计。

活动式火灾荷载一般是指为了建筑功能的正常使用而另外布置的，位置和数量可变性较大的可燃物形成的火灾荷载，包括建筑物内放置的各种物品，如商场内的商品、房间内的家具、仓库内的货物、图书馆内的书籍等。

临时性火灾荷载一般是指建筑的使用者临时带入并且短暂停留的可燃物品。如聚会、材料物品的临时堆放，其持续时间为几小时到几星期，类似情形在火灾荷载的调查计算中一般被忽略。与临时性火灾荷载相比，固定火灾荷载、活动式火灾荷载在结构空间中占有的持续时间往往很长，在下一次搬迁之前，这些荷载的变化不大。

根据定义，火灾荷载可用以下公式进行表达：

$$Q = Q_1 + Q_2 + Q_3$$

式中　　Q——总火灾荷载，MJ；

　　　　Q_1——固定火灾荷载，MJ；

　　　　Q_2——活动式火灾荷载，MJ；

　　　　Q_3——临时性火灾荷载，MJ。

2.1.4.2 火灾荷载密度的定义及计算

火灾荷载密度是指单位面积上的火灾荷载，根据对单位面积的定义不同，分为单位地板面积上的火灾荷载密度 q_0 与单位过火面积上的火灾荷载密度 q。火灾荷载密度是确定建筑室内潜在火灾严重性的重要因素，着火空间的大小与火灾的发展程度，都需要通过火灾荷载密度进行衡量。随着火灾荷载密度的增加，火灾的持续时间也随之增加，如表 2.4 所示。在不同建筑与不同功能分区中，其火灾荷载密度存在较大的差异，其中储存类型建筑火灾荷载密度较大，同时住宅建筑的火灾荷载密度也不容小觑。各类建筑中的火灾荷载密度如表 2.5 所示。全面掌握建筑的火灾荷载密度，能够有针对性地设计防火设施，应对不同的火灾危险。

表 2.4 火灾荷载密度与火灾持续时间的关系

火灾荷载密度 /（MJ/m²）	450	675	900	1350	1800	2700	3600
火灾持续时间 /h	0.5	0.7	1.0	1.5	2.0	3.0	4 ~ 4.7

表 2.5 各类建筑中的火灾荷载密度

功能类型	平均火灾荷载密度 /（MJ/m²）	分位值		
		80%	90%	95%
住宅	780	870	920	970
医院	230	350	440	520
医院仓库	2000	3000	3700	4400
宾馆卧室	310	400	460	510
办公室	420	570	670	760
商店	600	900	1100	1300
工厂	300	470	590	720
工厂仓库	1180	1800	2240	2690
图书馆	1500	2550	2550	—
学校	285	360	410	450

注：80% 分位值表示 80% 的同类建筑火灾荷载密度低于这个数值，其余同理。

单位地板面积上的火灾荷载密度 q_0 计算如下：

$$q_0 = \sum G_i H_i / A$$

式中　q_0——单位地板面积上的火灾荷载密度，MJ/m²；

　　　G_i——房间内可燃物的质量，kg；

　　　H_i——单位质量可燃物发热量，MJ/kg；

　　　A——房间地板面积，m²。

过火面积上的火灾荷载密度 q 计算如下：

$$q=\sum Q_i/A_f$$

式中　q——过火面积上的火灾荷载密度，MJ/m^2；

　　　Q_i——过火面积上的可燃物发热量，MJ；

　　　A_f——过火地板面积，m^2。

2.1.4.3　材料的燃烧热值的定义及计算

材料的燃烧热值（热值）是指材料在完全燃烧后所释放的单位质量热量，该数值用于描述火灾荷载中不同材料的可燃性能。根据试验结果，本文列出了多种材料热值，如表 2.6、表 2.7 所示。材料的燃烧热值 h_i 与可燃物的火灾荷载 Q 的关系通过以下公式表达：

$$Q=h_iM$$

式中　Q——可燃物的火灾荷载，MJ；

　　　h_i——材料的燃烧热值，MJ/kg；

　　　M——可燃物的质量，kg。

表 2.6　各类材料的热值（固体、液体和气体）　　　　　　　　　单位：MJ/kg

材料	热值	材料	热值	材料	热值	材料	热值
微粒板	18	粗石蜡	47	加固材料	21	石蜡油	41
无烟煤	34	泡沫橡胶	37	聚苯乙烯	44	烈酒	29
柏油	41	异戊二烯橡胶	45	聚异氰酸酯	20	焦油	38
沥青	42	轮胎	32	泡沫材料	24	苯	40
纤维素	17	丝绸	19	聚碳酸酯	29	乙炔	48
木炭	35	稻草	16	聚丙烯	43	丁烷	46
服装	19	木材	18	聚氨酯	23	一氧化碳	10
烟煤、焦煤	31	羊毛	23	聚氨酯泡沫	26	氢	120
软木	29	脲醛树脂	15	聚氯乙烯	17	—	—
棉花	18	脲醛泡沫	14	苯甲醛	33	—	—
谷物	17	工程塑料	36	乙醇	27	—	—
黄油	41	环氧树脂	19	异丙基酒精	31	—	—
厨房垃圾	18	三聚氰胺树脂	34	汽油	44	—	—
皮革	19	羟基类化合物	18	柴油	41	—	—
油毡	20	甲醛	29	亚麻籽油	39	—	—
纸和纸板	17	聚酯纤维	31	甲醇	20	—	—

表 2.7　一些常见可燃物品的热值　　　　　　　　　　　　　　　单位：MJ/kg

物品名称	热值	物品名称	热值
椅子（未塞满垫料）	70	三座沙发	738
椅子（塞满垫料）	250	电脑	492
一头沉写字桌	1200	打印机	146
桌子（金属腿）	2500	壁画	30
方桌	420	空调	134
单座沙发	243	电话	17
双座沙发	466	窗帘	10

2.2　建筑火灾蔓延

建筑火灾蔓延是指火灾在建筑内部或建筑之间传播和扩散的过程。当火灾发生时，火势会通过火焰蔓延、烟气蔓延等方式从起火点向周围区域扩展，最终可能导致整个建筑或多个建筑被火灾吞噬。

2.2.1　火焰蔓延

建筑火灾中的火焰蔓延是指火焰从最初的起火点开始，通过各种途径扩散到周围区域的过程。在建筑火灾中，火焰的蔓延方式可以分为水平方向蔓延与垂直方向蔓延，如图 2.8 所示。在水平方向上，火焰主要通过水平通道，如门、走道、孔洞或其他开口部分蔓延到相邻的房间或空间，这种情况的产生主要是因为建筑平面未设置防火分区或其防火分区分隔不完善。在垂直方向上，火焰主要通过垂直方向的通道，如电梯井、管道井、楼梯间等竖井结构向上或向下蔓延，这种情况的产生主要是因为建筑未设置封闭楼梯间或防烟楼梯间、竖井结构未做好防火分隔措施。

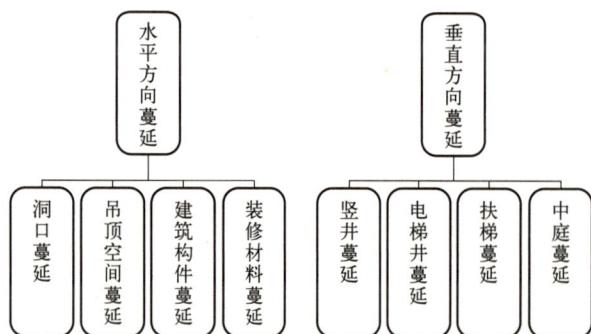

图 2.8　建筑火灾火焰蔓延方式

2.2.2 烟气蔓延

建筑火灾中的烟气蔓延是指火灾过程中，燃烧产生的高温烟气从起火点向其他区域扩散的过程。烟气在着火空间内的流动过程通常包括以下几个阶段：①初始点燃阶段，此时火焰处于初始燃烧的状态，燃烧状况与实验场地的尺寸无关，位于该阶段可以通过调节燃烧物的热量来控制火焰的燃烧趋势。②羽流发展阶段，该阶段火势进一步增大，羽流开始形成。羽流，又称为烟羽流，是火灾烟气在向上蔓延的过程中不受遮挡而形成的混合烟气流，通常呈倒锥形。羽流卷吸空气使得火焰进一步燃烧，可以通过补风的方式来控制羽流的大小，进而影响烟气的流动状态。补风口位于房间下部为宜，由此使得羽流聚集而不分散。③羽流 - 顶棚相互作用阶段，羽流触碰到顶棚并积累到一定厚度后，由重力的作用沿顶棚以下发生水平流动，这种现象称为"顶棚射流"。烟气产生的顶棚射流将沿着顶棚进行蔓延与传热。④顶棚射流 - 墙相互作用阶段，射流触壁后会随着墙壁缓慢下沉。⑤上部烟气层形成阶段，烟气随火灾的发展将覆盖整个屋顶，并形成上部烟气层。此时羽流与顶棚射流与墙壁射流相互作用影响，烟雾探测器此时可识别烟气并开启自动灭火系统。⑥烟气进一步填充阶段，烟气层将不断堆积使烟气沉降面进一步下降，直至覆盖整个着火房间。建筑火灾烟气蔓延过程如图 2.9 所示。

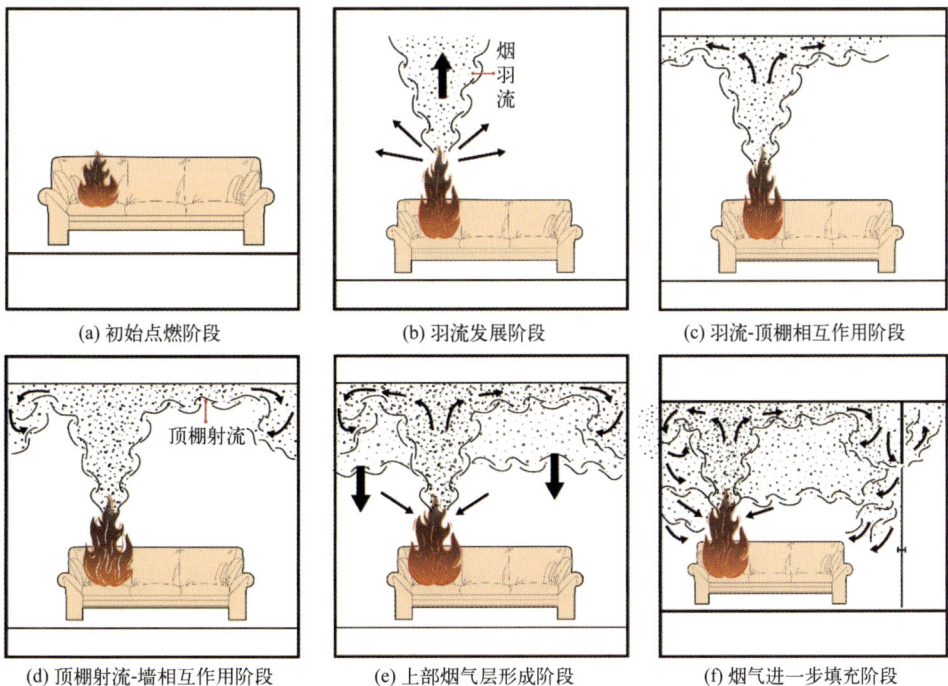

图 2.9 建筑火灾烟气蔓延过程

2.3 火源烟流模型

火源烟流模型是指点型火源上方的火焰及燃烧生成的烟流流动情况的理想模型。在理想状态下的火源烟流，烟流旁两侧的冷空气进入并下沉，同时推动烟流上升，呈现出一个轴对称的放射状态，羽流大小将会影响人员的可见范围，并使得烟流更易下沉。在理想化火源烟流模型中，烟流沿着顶棚蔓延的部分称为射流。实际建筑火灾中的火源烟流，烟流上升吸卷周围的空气形成羽状流，最终触及顶棚，依据不同屋顶的影响而呈现出不同的形状。由此看出，实际情况下烟流将随着触发介质的形态来进行相应的变化。实际的火源烟流和理想化的轴对称火源烟流如 图 2.10 所示。

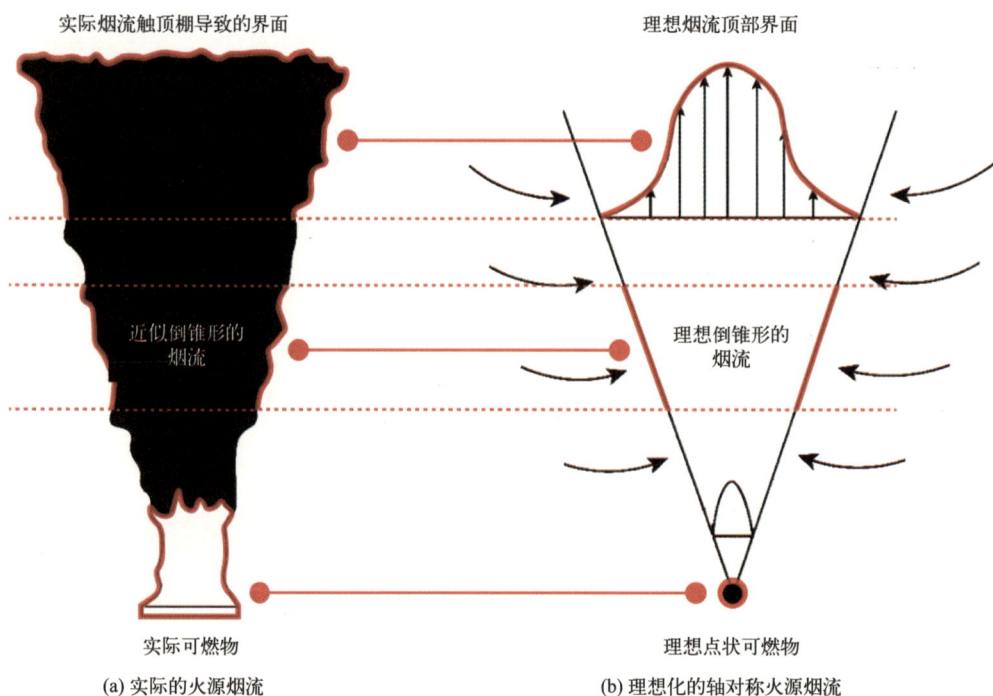

实际烟流触顶棚导致的界面   理想烟流顶部界面

近似倒锥形的烟流   理想倒锥形的烟流

实际可燃物   理想点状可燃物

(a) 实际的火源烟流   (b) 理想化的轴对称火源烟流

图 2.10　火源烟流

火源烟流模型能够帮助我们对火灾烟气的流动方式进行量化与实验，羽流与射流的相关指标是制约与判定一次火灾中的危险极值的关键要素。以烟气沉降面的下降速率为例，设计团队可通过 PyroSim 软件模拟在烟囱效应环境下的中庭空间的火灾烟气，得出在不同时间下的烟气的蔓延情况。随着烟流的发展，烟气蔓延的区域会形成一个不断下降的界面，称为烟气的沉降面。

烟气的沉降面一旦落入疏散人员的视野范围内，将会干扰逃生人员的逃生寻路，对疏散人员无论从心理还是生理上都造成极大的影响，从而减慢疏散的进程。因此，对于火灾场景而言，沉降面的下沉时间越慢越好，以留有足够多的时间，供人在相对清晰的环境中疏散至建筑外部，如图 2.11 所示。通过模拟可以看到，烟气下沉的快慢与烟气质量流率、排烟量、沉降时间有关。为此，通过对上述因素进行设计与控制，能够让烟气下沉更加缓慢，确保人员具有充足的疏散时间。

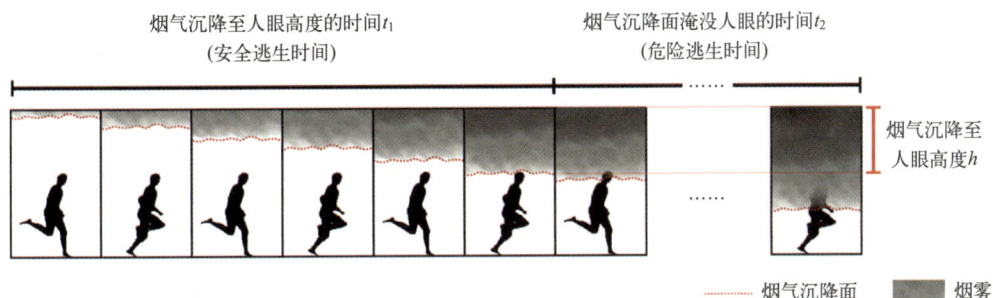

烟气沉降至人眼高度的时间 t_1　　　　烟气沉降面淹没人眼的时间 t_2
（安全逃生时间）　　　　　　　　　　　（危险逃生时间）

烟气沉降至人眼高度 h

------ 烟气沉降面　　▨ 烟雾

图 2.11　火灾烟气沉降面

目前，不同建筑的最小疏散距离与疏散时间在规范中有不同要求，其核心在于判断：在规定的疏散距离与时间内，人员是否能在烟气沉降面降至危险高度前，成功逃离至室外。所以，规范中的疏散距离与时间并非固定不变。根据不同时间及安全距离，建筑的逃生安全阈值应具备相应调整的灵活性。

2.4　火灾烟气的危险性

建筑火灾中的烟气是指由可燃物燃烧所生成的气体及浮游于其中的固态和液态微粒子组成的混合物，这些混合物往往含有众多的有害物质，如一氧化碳、二氧化碳、氰化氢、硫化氢等。火灾烟气对人员身体健康与人员疏散、消防救援等具有重大的危害性。其危害主要体现在：缺氧窒息（火灾烟气中含有大量的有毒气体，该气体可以迅速降低空气中的氧气浓度，导致人体缺氧，严重时可致人死亡），毒害性（烟气中的有毒气体和颗粒物吸入后，会对呼吸系统、心血管系统等造成损害），遮光性，视野阻碍等。针对以上危害，在逃离火灾时应采取适当的防护措施，如使用湿毛巾捂住口鼻，低姿态逃生，避免吸入烟气。

（1）烟气的温度

火灾烟气通常具有极高的温度，人体吸入高温烟气后会灼伤呼吸道，甚至引起严重的烧伤。火灾中的高温气体主要从两个方面对人体造成危害，分别为直接接触影响与热辐射影响。

直接接触影响的危害在于人体皮肤短时间内直接接触烟气所能承受的极限温度为65℃，若持续接触高温烟气将会对人体造成严重的烧伤。在火灾现场，热辐射是促使火灾在建筑室内及建筑之间蔓延的重要形式。火场上的热辐射随着火灾发展的不同阶段而变化，在火势猛烈发展的阶段，辐射热能最强。热辐射影响的危害性在于对人体造成直接灼伤，使皮肤表面的水分迅速蒸发，严重时会扰乱呼吸道和肺部的正常功能，并可能引发严重的呼吸系统损伤。热辐射强度与耐受时间的关系如表2.8所示。

表 2.8　热辐射强度与耐受时间的关系

热辐射强度 /（kW/m^2）	<2.5	2.5	10
耐受时间 /s	>300	30	4

（2）烟气的毒性

火灾发生后的可燃物燃烧将会产生大量的有毒气体，主要为：危险性极强的一氧化碳（CO）、过量的二氧化碳（CO_2）、二氧化硫（SO_2）、氰化氢（HCN）、氮氧化合物、氯化物及其他有毒气体。这些有毒气体和烟尘颗粒会对人体的呼吸道造成堵塞，使人窒息而亡。表2.9展示了CO对人体的影响，表2.10列出了有毒气体的允许体积分数。

表 2.9　CO 对人体的影响

空气 CO 含量 /%	对人体影响程度	空气 CO 含量 /%	对人体影响程度
0.01	影响不大	0.5	剧烈头疼，20 ~ 30min 后有死亡危险
0.05	1h 内影响不大	1.0	可失去知觉，12min 后即可死亡
0.1	1h 后头痛、呕吐	—	—

表 2.10　有毒气体的允许体积分数

有毒气体	允许体积分数	有毒气体	允许体积分数
氯化氢（HCl）	1×10^{-7}	氨气（NH_3）	3×10^{-7}
光气（$COCl_2$）	2.5×10^{-9}	氢化氰（HCN）	2×10^{-8}

（3）烟气的浓度

烟气浓度是衡量火灾危险程度的重要指标之一，关系到人员的安全疏散和火灾的扑救等情况。烟气浓度根据计算对象性质的不同，分为质量浓度、粒子浓度、光学浓度。烟气浓度的高低受多种因素影响，包括燃烧物质的类型、燃烧条件、环境温度条件等。火灾烟气会导致人们辨认目标的能力大大降低，并使事故照明和疏散指示标志的作用减弱。为确保处于火场中的人们能够清晰地找到疏散出口，应将烟气浓度控制在合理范围内。烟气浓度与减光系数呈正相关关系，即烟气浓度越高，减光系数越大，使得人员在行走时的视线受阻程度加剧，从而导致行走速度减慢，如图2.12所示。

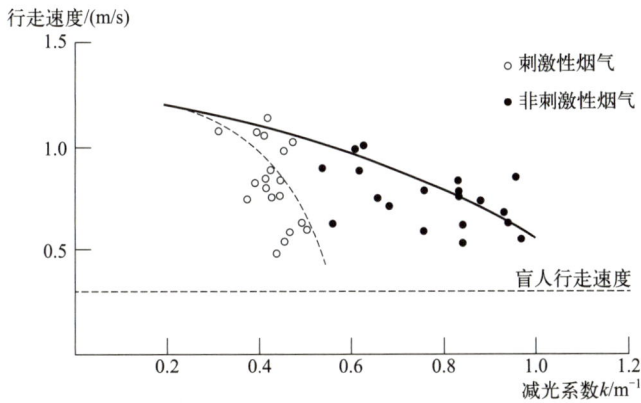

图 2.12　在刺激性与非刺激性烟气中人的行走速度

烟气质量浓度可表达为：

$$\mu_s = m_s/V_s$$

式中　μ_s——质量浓度，mg/m^3；

m_s——烟气中所含烟粒子的质量，mg；

V_s——烟气容积，m^3。

烟气粒子浓度可表达为：

$$n_s = N_s/V_s$$

式中　n_s——粒子浓度，mol/m^3；

N_s——烟气中所含的烟粒子的个数，mol；

V_s——烟气容积，m^3。

烟气光学浓度可表达为：

$$I = I_0 e^{C_s L}$$

式中　I——光源穿过一定距离以后的光束强度，cd；

　　　C_s——烟气的减光系数，m^{-1}；

　　　I_0——光源的光束强度，cd；

　　　L——光束穿过的距离，m。

课后思考题

1. 燃料控制型火灾与通风控制型火灾有何异同？

2. 为什么火灾中会发生轰燃现象？

第 3 章　　控制火灾荷载

3.1　火灾荷载的现存问题

3.2　火灾荷载控制

3.1　火灾荷载的现存问题

通过第 2 章的学习，我们已经了解火灾荷载是指空间内所有可燃物燃烧时所产生的总热量值。火灾荷载决定了火灾的强度、蔓延速度和灭火的难度，因此评估火灾荷载是建筑防火设计的关键步骤。我们讨论了火灾荷载评估中的一些问题，如火灾荷载超标、分布不均匀、使用场景不确定等，这些问题增加了建筑物发生火灾的风险。

3.1.1　火灾荷载超标

在建筑物实际使用过程中，其内部的可燃物会不断增加和变化，这一现象往往被忽视，导致建筑物内部的火灾荷载远超设计标准。而过高的火灾荷载会增加火灾的发生概率和发生后的严重性，带来多种危险。

首先，某些物品本身燃烧性能很强，以锂电池这类易燃易爆的火灾荷载类型为代表，其极易导致火灾荷载超标，例如图 3.1 所示的地下车库中停放的大量电动车。电动车起火除了电池本身的不稳定性以及充电设施防护不足外，与传统油车相比，电动车因其使用的锂电池具有易燃易爆的特性，成为近几年来消防领域的一大重点且棘手的难题。一旦起火，火势蔓延迅猛，瞬间产生高温并可能引发剧烈爆炸，同时燃烧释放大量有毒烟气，增加人员中毒和逃生困难风险。又如寺庙这种场所，由于其特殊的文化和历史价值，往往采用木结构，耐火等级较低，如图 3.2 所示。加之香客携带的香火、蜡烛、灯油等易燃物品，以及游客可能乱丢烟蒂的行为，都可能成为火灾的火源隐患。一旦发生火灾，火势蔓延速度快，扑救难度大。

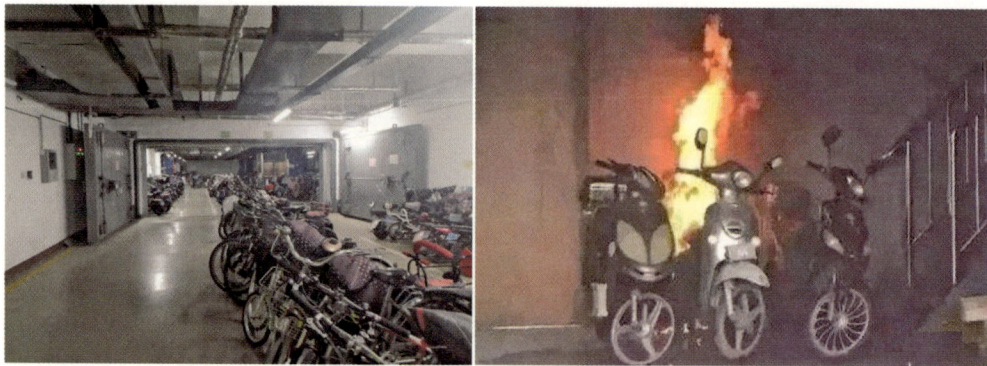

图 3.1　地下车库中停放的大量电动车

图 3.2　寺庙场所

其次，某些建筑功能和使用性质容易导致火灾荷载超标，例如仓库、储藏室或材料堆放区主要用于存放各类物资，如图 3.3 所示。若储存的物品为易燃材料，如纸张、木材或化工原料等，这些空间往往因物资的不断堆积而容易导致内部火灾荷载超过规定标准。同样，娱乐场所如歌舞厅、夜总会等，除了有大量可燃装修材料外，还有音响设备、灯光设备以及座椅、沙发等家具，这些物品燃烧热值较高，也容易使火灾荷载超标。

图 3.3　左为商铺储藏室，右为商铺灭火现场

火灾荷载超标的直接后果是消防系统可能无法充分应对火灾带来的挑战。通常，消防系统的设计是基于建筑物的初步火灾荷载估算而制定的，如果实际火灾荷载大大超过了这一估算值，现有的灭火系统可能难以提供足够的水压、水量，或者没有足够的防火分隔来有效阻止火势蔓延。消防喷淋系统、排烟系统等可能也无法按预期发挥作用，这将大大增加灭火的难度。此外，火灾荷载的增加也意味着火灾温度和燃烧速率会迅速上升，这不仅对建筑结构产生了更大的威胁，还会大幅缩短人员疏散的时间窗，增加生命危险。更高的火灾荷载还可能带来更严重的财产损失，甚至波及周边的建筑和设施，造成连锁性的损失和破坏。因此，对于这些高火灾荷载的区域，必须给予特别的关注，并采取更为严格的防火措施和设计标准。

3.1.2 火灾荷载分布不均匀

火灾荷载分布不均匀是指建筑或场所内可燃物（火灾荷载）在空间中的分布不均衡，表现为某些区域火灾荷载密度过高，而其他区域较低。例如，在仓库和储藏室中，当某些货架或区域堆积大量高火灾荷载物品（如纸张、木材、化学品），而其他区域较为空旷，或者出现应急通道被货物占用的情况时，就会导致关键通道区域的火灾荷载密度异常升高。又如，在生产车间中，可燃材料靠近高温设备或加工废料堆放在角落未及时清理，也会造成局部过载。再如，在住宅或公寓楼中，楼梯间堆放杂物或阳台、储物间长期堆积可燃物品也会形成高火灾荷载密度区域，如图 3.4 所示。同样，阳台或储物间内长期堆积木质家具、塑料制品等可燃物品，就会使这些区域的火灾荷载密度明显高于其他区域，从而形成分布不均匀的状态。

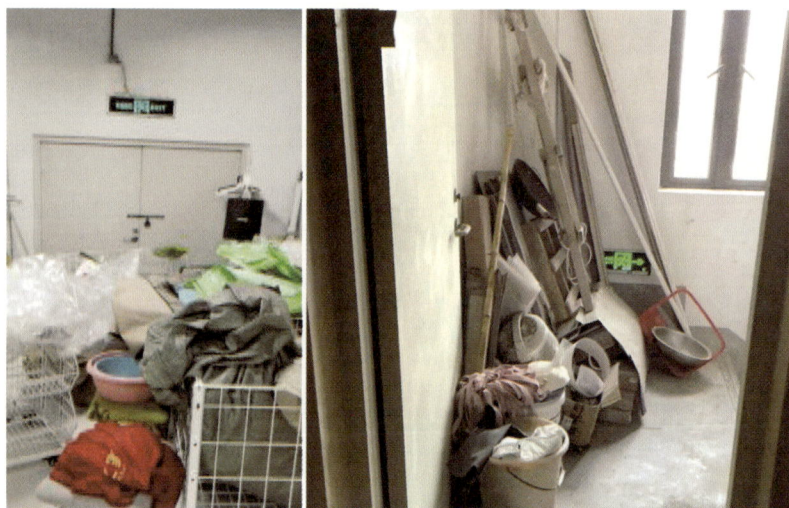

(a) 安全出口处堆放大量可燃物   (b) 疏散通道堆放杂物

图 3.4 高荷载密度区域

建筑物内部的火灾荷载分布通常存在显著的不均匀性，不同区域的可燃物种类、数量和密度差异较大，这给火灾风险评估与消防安全设计带来了巨大的挑战。当火灾荷载分布不均匀时，若干个火灾荷载较大的区域可能会同时开始燃烧，这导致火势蔓延的范围更广，难以预测，从而增加了疏散的复杂性和难度。多个区域的火灾会导致烟气扩散变得复杂，不同的火源产生的烟流可能会交叉，覆盖多个疏散路径，降低疏散通道的可用性。此外，不同区域火灾荷载的差异还会导致局部温度和热辐射的不均衡，某些区域可能出现高温，迫使疏散人员绕行，增加逃生时间。相反地，当火灾荷载集中在建筑的某个局部区域时，火灾会在这个特定区域迅速发展，尽管火势强烈，但它主要局限于一个区域，这意味着其他区域可能在短期内不会受到直接影响。在这种情况下，由于火势的蔓延速度相对容易预测，非火源区域的疏散路径在火灾初期可能较为畅通，使得人员可以迅速选择远离火源的逃生路径。因此，由于火灾荷载的不均匀分布，火灾可能同时出现在多个区域，阻断多个疏散路径，使得人员在紧急情况下难以快速选择安全的疏散路径。

3.1.3　火灾荷载的使用场景不明确

随着时间的推移，建筑物内的火灾荷载往往会因使用场景的改变而发生显著变化。例如，将住宅的首层改为商业用途后，可燃物数量可能大幅增加，而在无人看管的时间段内，火灾风险也随之上升。原有的防火措施因此显得捉襟见肘，难以应对新的火灾风险。为了提升防火能力，须加装消防喷淋，进一步强化防护措施，以满足新的安全需求。又如，在办公场所，文件、家具和电子设备的更换频率较高，旧设备或文件被替换后，可能带来更多易燃物或不同类型的可燃物。再如，在商业场所，库存量和商品种类会随着季节变化或业务需求而波动，库存物品数量可能会急剧增加，尤其在销售旺季或节假日会增添节日装饰和促销商品，如圣诞树和彩灯等，这些物品不仅增加了可燃物的数量，而且很多装饰品是由易燃材料制成的。此外，临时展示台和促销区的紧凑布局也会进一步加剧火灾风险，这些物品存储的变化会直接影响建筑物内火灾荷载的总量和分布，如图 3.5 所示。一旦发生火灾，这些物品燃烧会释放出大量热量，并生成有毒气体。同时，堆叠的商品和装饰物会使火焰更容易跳跃蔓延，形成多方向的扩展，导致火势难以控制，严重阻碍人员逃生。

图 3.5　节假日时，商场的节日装饰和各种促销商品

一方面，现实中许多建筑物未能及时跟进这些动态变化并更新对火灾荷载的评估。尤其是许多老旧建筑物，常依赖于初始防火措施，忽视了其火灾荷载随时间变化的特性。缺乏监测可能导致防火设计与实际情况的偏差，降低消防设施有效性，影响火灾早期探测

和扑灭。并且许多建筑的防火分区、自动喷水灭火系统和疏散路线设计都是基于原始评估，若实际火灾荷载超出预期，这些措施可能不足以应对新的火灾风险。

另一方面，新业态驱动下的新型场所内的可燃物的数量和布局方式不再遵循建筑防火设计的一般规则要求。例如，密室逃脱场所因布置复杂和使用易燃材料，火灾荷载密度很高。这些场景充斥着大量木质家具、布艺装饰、塑料道具及泡沫板等材料，燃烧速度快，烟雾毒性高。加之封闭和通风不良的环境加剧了火灾风险，热量和烟气积聚，易引发闪燃，使烟雾迅速蔓延，威胁人员安全。同时，火灾荷载在不同场景分布不均，局部区域堆积物增多，会造成风险上升，隐蔽空间如暗门、夹层等也会增加疏散和灭火难度。如图 3.6 所示的密室逃脱场所，一旦发生火灾，火势蔓延速度会加快，产生大量的烟雾和有毒气体。加之密室逃脱场所内部设计往往包含复杂的通道和多个功能区，这不仅增加了疏散距离，也降低了火灾发生时的疏散效率。

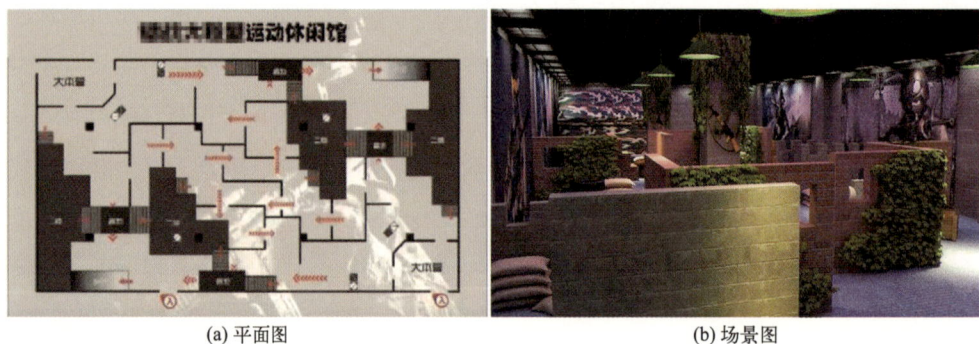

(a) 平面图　　　　　　　　　　　　　　　(b) 场景图

图 3.6　某密室逃脱场所

又如，在专门拍摄写真的场所中，为了营造出理想的拍摄环境，通常会大量使用木材、织物、泡沫等易燃材料，这些材料不仅作为道具、背景和隔断，还用于保温隔热以及装饰和布景，如图 3.7 所示。这些易燃物品的存在显著增加了场所内的火灾荷载。一旦发生火灾，这些材料的快速燃烧会产生大量烟雾和有毒气体，不仅增加了火灾的危险性，还可能因为电气设备的使用而容易引发电气火灾，从而加剧火情的严重性。

再如，在冰雪世界（图 3.8）这种场景中，为了保持低温状态，广泛使用了聚氨酯泡沫等保温材料。这些材料具有低燃点和易燃特性，在起火时燃烧速度极快，并产生大量有毒烟雾，显著增加了火灾荷载。加之这类场景需要使用大量电气设备，这些设备可能因故障或不当使用而引发火灾，火灾风险进一步增加。同时，为了保温效果，部分建筑可能将原有窗口封闭，并安装了保温门，这使得建筑内部空间形成了较为密闭的环境，不利于烟气的排出。此外，冰雪世界内部复杂的游乐区域设计和曲折的通道布局，不仅增加了人员的疏散距离，还在火灾发生时降低了疏散效率，增加了人员逃生和消防救援的难度。

图 3.7　专门拍摄写真的场所

图 3.8　冰雪世界

综上所述，火灾荷载问题在建筑防火设计中具有重要影响。由于建筑物内的可燃材料种类繁多、空间布局复杂及防火措施不足，火灾荷载的增加会加剧火灾的蔓延速度和强度，威胁人员安全并造成严重的财产损失。尤其是在特殊场所或密集人群环境下，火灾荷载的失控可能引发灾难性后果。在讨论火灾荷载的现存问题后，理解如何有效控制火灾荷载成为关键。在防火设计中，单纯了解火灾荷载的危害并不足够，建筑师还需掌握相应的控制措施，以降低火灾风险并提高建筑物的整体安全性。

3.2　火灾荷载控制

在第 2 章的学习中，我们了解到火灾荷载通常可以分为固定火灾荷载、活动式火灾荷载和临时性火灾荷载。因此，根据固定火灾荷载的不变性和活动式火灾荷载及临时性火灾荷载的可变性特点，可以将火灾荷载的控制分为固定火灾荷载的控制和活动式火灾荷载及临时性火灾荷载的控制。这两种方式并不是相互独立的，它们相辅相成、相互影响。

3.2.1　固定火灾荷载的控制

固定火灾荷载的控制主要是指通过设计建筑物内的固定火灾荷载，例如建筑的构造材料、固定装修材料等，来减少火灾蔓延的风险和火灾强度。其核心是通过控制建筑物内可能燃烧的物质总量，以降低火灾发生时火灾蔓延的速度和强度，确保建筑的安全性。在设计时，通过限定建筑耐火等级、构件耐火性能和装修材料燃烧性能等级三个方面对其控制。

3.2.1.1　建筑耐火等级

建筑耐火等级是衡量建筑材料或构件在火灾中抵抗火焰和高温的能力的标准。建筑物的耐火等级由建筑构件的燃烧性能和最低耐火极限共同决定，是衡量建筑物耐火性能的重要标准。根据《建筑防火通用规范》（GB 55037—2022），建筑物的耐火等级分为一、二、三、四级共四级，其中一级的耐火性能最好，二、三、四级的耐火性能逐渐下降。不同类型的建筑因使用功能和空间形态的差异，其内部可燃物的数量和种类各不相同，火灾荷载的差异显著，对抗火能力的要求也随之变化。因此，在设计之初，需要根据建筑的高度、使用功能、人员密集程度等因素，对其火灾危险性进行评估，并依据规范划分和限定耐火等级，为具体的建筑防火设计提供等级范围要求。耐火等级越高意味着对固定火灾荷载的控制能力越好，在火灾中越能保持结构完整性，减缓火灾蔓延。

一般民用建筑耐火等级的划分主要取决于建筑的层数、长度和面积等因素。设计时应严格按照国家和地方颁布的有关建筑设计防火规范执行。民用建筑根据其建筑高度和层数可分为单、多层民用建筑和高层民用建筑。高层民用建筑根据其建筑高度、使用功能和楼层的建筑面积可分为一类和二类，如表 3.1 所示。其中，一类建筑一般指火灾危险性较大、人员密集或疏散困难的建筑，如超高层住宅、综合性商业建筑等，这类建筑需要达到一级耐火等级，以满足更高的防火要求。二类建筑通常指火灾危险性较小、人员密度较低或疏散条件较好的建筑。此外，民用建筑的耐火等级分级是为了便于根据建筑自身结构的防火性能来确定该建筑的其他防火要求。相反，根据这个分级及其对应建筑构件的耐火性能，也可确定既有建筑的耐火等级。

表 3.1　民用建筑的分类

名称	高层民用建筑		单、多层民用建筑
	一类	二类	
住宅建筑	建筑高度大于 54m 的住宅建筑（包括设置商业服务网点的住宅建筑）	建筑高度大于 27m，但不大于 54m 的住宅建筑（包括设置商业服务网点的住宅建筑）	建筑高度不大于 27m 的住宅建筑（包括设置商业服务网点的住宅建筑）
公共建筑	1. 建筑高度大于 50m 的公共建筑； 2. 建筑高度 24m 以上部分任一楼层建筑面积大于 1000m² 的商店、展览、电信、邮政、财贸金融建筑和其他多种功能组合的建筑； 3. 医疗建筑、重要公共建筑、独立建造的老年人照料设施； 4. 省级及以上的广播电视和防灾指挥调度建筑、网局级和省级电力调度建筑； 5. 藏书超过 100 万册的图书馆书库	除一类高层公共建筑外的其他高层公共建筑	1. 建筑高度大于 24m 的单层公共建筑； 2. 建筑高度不大于 24m 的其他公共建筑

注：引自《建筑设计防火规范（2018 年版）》（GB 50016—2014）表 5.1.1。

3.2.1.2　构件耐火性能

一座建筑物的耐火等级通常不是由一两个构件的耐火性能决定的，是由组成建筑物的所有构件的耐火性能决定的，即是由组成建筑物的墙、柱、梁、楼板等主要构件的燃烧性能和耐火极限决定的。耐火建筑构件在火灾中起着阻止火势蔓延、延长支撑时间的作用。其中，燃烧性能是指组成建筑物的主要构件在明火或高温作用下燃烧与否以及燃烧的难易程度。按照燃烧性能，建筑构件分为非燃烧体、难燃烧体和燃烧体。耐火极限是指对任一建筑构件进行耐火试验，从受到火的作用起，到失去支持能力，或完整性被破坏，或失去隔火作用时为止的这段时间，即为该构件的耐火极限，用小时（h）表示。不同耐火等级建筑相应构件的燃烧性能与耐火极限不应低于表 3.2 的规定。

划分建筑物耐火等级的方法，一般是以楼板为基准。例如钢筋混凝土楼板的耐火极限可达 1.50h，即以一级为 1.50h，二级为 1.00h，三级为 0.50h。然后再按构件在结构安全上所处的地位，分级选定适宜的耐火极限。例如，在一级耐火等级建筑中，支承楼板的梁比楼板重要，可定为 2.00h，而柱因承受梁的重量，因而比梁更为重要，则可定为 3.00h等。由于构件的材料还有非燃烧体、难燃烧体、燃烧体之分，因而仅用构件的耐火极限还不能完全满足对结构防火安全的要求。因此，一般规定一级的房屋构件都应是非燃烧体；二级除吊顶为难燃烧体外，其他构件都应是非燃烧体；三级除屋顶采用燃烧体、隔墙与吊顶采用难燃烧体外，其余也都应采用非燃烧体；四级除防火墙为非燃烧体外，其余构件按其部位不同有难燃烧体，也有燃烧体。

表 3.2　不同耐火等级建筑相应构件的燃烧性能和耐火极限　　　　　　　　　单位：h

构件名称			耐火等级			
			一级	二级	三级	四级
墙		防火墙	不燃性 3.00	不燃性 3.00	不燃性 3.00	不燃性 3.00
		承重墙	不燃性 3.00	不燃性 2.50	不燃性 2.00	难燃性 0.50
		非承重外墙	不燃性 1.00	不燃性 1.00	不燃性 0.50	可燃性
		楼梯间和前室的墙 电梯井的墙 住宅建筑单元之间的墙和分户墙	不燃性 2.00	不燃性 2.00	不燃性 1.50	难燃性 0.5
		疏散走道两侧的隔墙	不燃性 1.00	不燃性 1.00	不燃性 0.5	难燃性 0.25
		房间隔墙	不燃性 0.75	不燃性 0.5	难燃性 0.5	难燃性 0.25
柱			不燃性 3.00	不燃性 2.50	不燃性 2.00	难燃性 0.50
梁			不燃性 2.00	不燃性 1.50	不燃性 1.00	难燃性 0.50
楼板			不燃性 1.50	不燃性 1.00	不燃性 0.50	可燃性
屋顶承重构件			不燃性 1.50	不燃性 1.00	可燃性 0.50	可燃性
疏散楼梯			不燃性 1.50	不燃性 1.00	不燃性 0.50	可燃性
吊顶（包括吊顶搁栅）			不燃性 0.25	难燃性 0.25	难燃性 0.15	可燃性

注：1. 表中"不燃性""难燃性""可燃性"指燃烧性能；表中的数字指耐火极限。
2. 本表引自《建筑设计防火规范（2018 年版）》（GB 50016—2014）表 5.1.2。

3.2.1.3　装修材料燃烧性能等级

装修材料的燃烧性能是影响火灾荷载大小的关键因素之一，为此，根据装修材料的燃烧性能可将其划分为 A 级、B_1 级、B_2 级、B_3 级，如表 3.3 所示。根据建筑耐火等级及对应的建筑构件耐火性能要求的不同，装修材料燃烧性能等级也随之有对应要求。

表 3.3　装修材料燃烧性能等级

等级	装修材料燃烧性能
A	不燃性
B₁	难燃性
B₂	可燃性
B₃	易燃性

注：引自《建筑内部装修设计防火规范》（GB 50222—2017）表 3.0.2。

单层、多层、高层民用建筑内部各部位装修材料的燃烧性能等级，不应低于**表 3.4**、
表 3.5 的规定。

表 3.4　单层、多层民用建筑内部各部位装修材料的燃烧性能等级

序号	建筑物及场所	建筑规模、性质	装修材料燃烧性能等级					装饰织物		其他装修装饰材料
			顶棚	墙面	地面	隔断	固定家具	窗帘	帷幕	
1	候机楼的候机大厅、贵宾候机室、售票厅、商店、餐饮场所等	—	A	A	B₁	B₁	B₁	B₁	—	B₁
2	汽车站、火车站、轮船客运站的候车（船）室、商店、餐饮场所等	建筑面积 >10000m²	A	A	B₁	B₁	B₁	B₁	—	B₂
		建筑面积 ≤10000m²	A	B₁	B₁	B₁	B₁	B₁	—	B₂
3	观众厅、会议厅、多功能厅、等候厅等	每个厅建筑面积 >400m²	A	A	B₁	B₁	B₁	B₁	B₁	B₁
		每个厅建筑面积 ≤ 400m²	A	B₁	B₁	B₁	B₂	B₁	B₁	B₂
4	体育馆	>3000 座位	A	A	B₁	B₁	B₁	B₁	B₁	B₂
		≤ 3000 座位	A	B₁	B₁	B₁	B₂	B₂	B₁	B₂
5	商店的营业厅	每层建筑面积 >1500m² 或 总建筑面积 >3000m²	A	B₁	B₁	B₁	B₁	B₁	—	B₂
		每层建筑面积 ≤ 1500m² 或 总建筑面积 ≤ 3000m²	A	B₁	B₁	B₁	B₂	B₁	—	—

序号	建筑物及场所	建筑规模、性质	装修材料燃烧性能等级					装饰织物		其他装修装饰材料
			顶棚	墙面	地面	隔断	固定家具	窗帘	帷幕	
6	宾馆、饭店的客房及公共活动用房等	设置送回风道（管）的集中空气调节系统	A	B_1	B_1	B_1	B_2	B_2	—	B_2
		其他	B_1	B_1	B_2	B_2	B_2	B_2	—	—
7	养老院、托儿所、幼儿园的居住及活动场所	—	A	A	B_1	B_1	B_2	B_1	—	B_2
8	医院的病房区、诊疗区、手术区	—	A	A	B_1	B_1	B_1	B_1	—	B_2
9	教学场所、教学实验场所	—	A	B_1	B_2	B_1	B_2	B_2	B_2	B_2
10	纪念馆、展览馆、博物馆、图书馆、档案馆、资料馆等的公众活动场所	—	A	B_1	B_1	B_2	B_1	B_1	—	B_2
11	存放文物、纪念展览物品、重要图书、档案、资料的场所	—	A	A	B_1	B_1	B_2	B_1	—	B_2
12	歌舞娱乐游艺场所	—	A	B_1	B_1	B_1	B_1	B_1	B_1	B_1
13	A、B级电子信息系统机房及装有重要机器、仪器的房间	—	A	A	B_1	B_1	B_1	B_1	B_1	B_1
14	餐饮场所	营业面积 >100m²	A	B_1	B_1	B_1	B_2	B_1	—	B_2
		营业面积 ≤100m²	B_1	B_1	B_1	B_2	B_2	B_2	—	B_2
15	办公场所	设置送回风道（管）的集中空气调节系统	A	B_1	B_1	B_1	B_2	B_1	—	B_2
		其他	B_1	B_1	B_2	B_2	B_2	—	—	—
16	其他公共场所	—	B_1	B_1	B_2	B_2	B_2	—	—	—
17	住宅	—	B_1	B_1	B_1	B_1	B_2	B_2	—	B_2

注：引自《建筑内部装修设计防火规范》（GB 50222—2017）表5.1.1。

表 3.5　高层民用建筑内部各部位装修材料的燃烧性能等级

序号	建筑物及场所	建筑规模、性质	装修材料燃烧性能等级									
			顶棚	墙面	地面	隔断	固定家具	装饰织物				其他装修装饰材料
								窗帘	帷幕	床罩	家具包布	
1	候机楼的候机大厅、贵宾候机室、售票厅、商店、餐饮场所等	—	A	A	B_1	B_1	B_1	B_1	—	—	—	B_1
2	汽车站、火车站、轮船客运站的候车（船）室、商店、餐饮场所等	建筑面积 >10000m²	A	A	B_1	B_1	B_1	B_1	—	—	—	B_2
		建筑面积 ≤ 10000m²	A	B_1	B_1	B_1	B_1	B_1	—	—	—	B_2
3	观众厅、会议厅、多功能厅、等候厅等	每个厅建筑面积 >400m²	A	A	B_1	B_1	B_1	B_1	—	—	B_1	B_1
		每个厅建筑面积 ≤ 400m²	A	B_1	B_1	B_1	B_2	B_1	—	—	B_1	B_1
4	商店的营业厅	每层建筑面积 >1500m² 或 总建筑面积 >3000m²	A	B_1	B_1	B_1	B_1	B_1	—	—	B_1	B_2
		每层建筑面积 ≤ 1500m² 或 总建筑面积 ≤ 3000m²	A	B_1	B_1	B_1	B_1	B_2	—	—	B_2	B_2
5	宾馆、饭店的客房及公共活动用房等	一类建筑	A	B_1	B_1	B_1	B_2	B_1	—	B_1	B_2	B_1
		二类建筑	A	B_1	B_1	B_1	B_2	B_2	—	B_2	B_2	B_2
6	养老院、托儿所、幼儿园的居住及活动场所	—	A	A	B_1	B_1	B_2	B_1	—	B_2	B_2	B_1
7	医院的病房区、诊疗区、手术区	—	A	A	B_1	B_1	B_2	B_1	B_1	—	B_2	B_1
8	教学场所、教学实验场所	—	A	B_1	B_2	B_2	B_2	B_1	—	—	B_1	B_2
9	纪念馆、展览馆、博物馆、图书馆、档案馆、资料馆等的公众活动场所	一类建筑	A	B_1	B_1	B_1	B_2	B_1	—	—	B_1	B_1
		二类建筑	A	B_1	B_1	B_1	B_2	B_2	—	B_2	—	B_2	B_2

序号	建筑物及场所	建筑规模、性质	装修材料燃烧性能等级									
---	---	---	顶棚	墙面	地面	隔断	固定家具	装饰织物				其他装修装饰材料
								窗帘	帷幕	床罩	家具包布	
10	存放文物、纪念展览物品、重要图书、档案、资料的场所	—	A	A	B₁	B₁	B₂	B₁	—	—	B₁	B₂
11	歌舞娱乐游艺场所	—	A	B₁	B₁	B₁	B₁	B₁	B₁	B₁	B₁	B₂
12	A、B级电子信息系统机房及装有重要机器、仪器的房间	—	A	A	B₁	B₁	B₁	B₁	—	B₁	B₁	
13	餐饮场所	—	A	B₁	B₁	B₁	B₂	B₁	—	—	B₁	B₂
14	办公场所	一类建筑	A	B₁	B₁	B₁	B₂	B₁	B₁	—	B₁	B₁
		二类建筑	A	B₁	B₁	B₁	B₂	B₂	—	—	B₂	B₂
15	电信楼、财贸金融楼、邮政楼、广播电视楼、电力调度楼、防灾指挥调度楼	一类建筑	A	B₁	B₁	B₁	B₁	B₁	B₁	—	B₂	B₁
		二类建筑	A	B₁	B₂	B₂	B₂	B₁	B₂	—	B₂	B₂
16	其他公共场所	—	A	B₁	B₁	B₁	B₂	B₂	B₂	B₂	B₂	B₂
17	住宅	—	A	B₁	B₁	B₁	B₂	B₁	-	B₁	B₂	B₁

注：引自《建筑内部装修设计防火规范》（GB 50222—2017）表5.2.1。

在各建筑类型装修材料燃烧性能分级的基础上，建筑内部不同构件装修材料还可按使用部位和功能对其燃烧性能进行分级，如表3.6所示。

表3.6 常用建筑内部装修材料燃烧性能等级划分举例

材料类别	级别	材料举例
各部位材料	A	花岗石、大理石、水磨石、水泥制品、混凝土制品、石膏板、石灰制品、黏土制品、玻璃、瓷砖、马赛克、钢铁、铝、铜合金、天然石材、金属复合板、纤维石膏板、玻镁板、硅酸钙板等

材料类别	级别	材料举例
顶棚材料	B_1	纸面石膏板、纤维石膏板、水泥刨花板、矿棉板、玻璃棉装饰吸声板、珍珠岩装饰吸声板、难燃胶合板、难燃中密度纤维板、岩棉装饰板、难燃木材、铝箔复合材料、难燃酚醛胶合板、铝箔玻璃钢复合材料、复合铝箔玻璃棉板等
墙面材料	B_1	纸面石膏板、纤维石膏板、水泥刨花板、矿棉板、玻璃棉板、珍珠岩板、难燃胶合板、难燃中密度纤维板、防火塑料装饰板、难燃双面刨花板、多彩涂料、难燃墙纸、难燃墙布、难燃仿花岗岩装饰板、氯氧镁水泥装配式墙板、难燃玻璃钢平板、难燃PVC塑料护墙板、阻燃模压木质复合板材、彩色难燃人造板、难燃玻璃钢、复合铝箔玻璃棉板等
	B_2	各类天然木材、木制人造板、竹材、纸制装饰板、装饰微薄木贴面板、印刷木纹人造板、塑料贴面装饰板、聚酯装饰板、复塑装饰板、塑纤板、胶合板、塑料壁纸、无纺贴墙布、墙布、复合壁纸、天然材料壁纸、人造革、实木饰面装饰板、胶合竹夹板等
地面材料	B_1	硬PVC塑料地板、水泥刨花板、水泥木丝板、氯丁橡胶地板、难燃羊毛地毯等
	B_2	半硬质PVC塑料地板、PVC卷材地板等
装饰织物	B_1	经阻燃处理的各类难燃织物等
	B_2	纯毛装饰布、经阻燃处理的其他织物等
其他装修装饰材料	B_1	难燃聚氯乙烯塑料、难燃酚醛塑料、聚四氟乙烯塑料、难燃脲醛塑料、硅树脂塑料装饰型材、经难燃处理的各类织物等
	B_2	经阻燃处理的聚乙烯、聚丙烯、聚氨酯、聚苯乙烯、玻璃钢、化纤织物、木制品等

注：引自《建筑内部装修设计防火规范》（GB 50222—2017）条文说明表1。

3.2.2　活动式火灾荷载及临时性火灾荷载的控制

活动式火灾荷载及临时性火灾荷载的控制主要是通过建筑运营和管理过程中的防火措施，及对火灾荷载的变化进行实时监测和评估来确保安全。例如，需要实时关注仓库物资的存储量、商场商品的堆积状况、办公区域文件和设备的堆积情况等。

3.2.2.1　活动式火灾荷载与临时性火灾荷载的分配与管理

活动式火灾荷载与临时性火灾荷载的分配与管理主要涉及火灾荷载设计值细分与设定、限额平衡各分区的火灾荷载值与商品燃烧热值的标注三方面。

在火灾荷载设计值细分与设定方面，火灾荷载设计值是基于建筑物使用性质、火灾危险性以及物品燃烧特性所设定的参数，合理细分与设定该设计值是活动式火灾荷载与临时性火灾荷载管理的基础。应根据建筑功能分区、人员密度和储存物品种类等因素，建立合理的火灾荷载分类标准，并细化每个分区的火灾荷载限值，使其贴合实际应用场景。

在限额平衡各分区的火灾荷载值方面，不同分区的火灾荷载值直接关系到火灾风险分布及火灾应急处置策略，合理的荷载限额分配和平衡能避免局部过载，提高整体消防安全水平。需要调整不同时间段的火灾荷载设计值以及准确测定各类物品的火灾荷载参数，确保数据的科学性与可靠性。此外，还需在建筑的功能布局中合理分配火灾荷载，避免个别区域过高，并在保证功能性的前提下设置合理的火灾荷载限制值，同时建立风险评估与动态调整机制以应对火灾荷载超限情况。

在商品燃烧热值方面，商品燃烧热值直接影响火灾荷载的精确性管理，建立统一、规范的燃烧热值标注制度，可为活动式火灾荷载与临时性火灾荷载的分配和管理提供重要依据。需要制定相应标注规范，确保标注方式易于识别和执行，并建立配套的火灾荷载数据库以便于查询和动态更新。

例如，在多功能商业建筑中，餐饮区因存在明火、油脂等高风险因素，可设定为高火灾荷载区，规定物品堆积量限制，并采用不燃装修材料和自动灭火系统来降低实际火灾风险。办公区为低火灾荷载区，设计值设为较低水平，用阻燃家具和织物，并限制额外物品的堆放。在仓储区，对存储的易燃商品标注燃烧热值，货物入库时智能管理系统自动统计区域总热值，实时监控仓库堆积情况，超过设定值时自动报警，确保总火灾荷载低于设计上限。在商铺展示区标注高火灾荷载商品，防止局部火灾荷载过高。此外，节假日期间可能因客流增加以及活动主题装扮导致火灾荷载变化，可预设动态调整机制，增设消防设施或降低储存密度，确保建筑在不同使用阶段都能满足消防安全要求。

3.2.2.2 防火舱和燃料岛

在活动式火灾荷载与临时性火灾荷载管理中，针对高火灾风险区域的特殊需求，提出了防火舱和燃料岛两种有效措施，以增强火灾防控能力和资源管理的灵活性。防火舱通过划分相对独立的空间单元，能够在火灾发生时将火势控制在一定范围内，防止其蔓延至其他区域；燃料岛则通过对易燃燃料的集中管理和隔离存放，降低火灾发生时燃料对周边环境的影响。两者共同为建筑的消防安全提供了有力保障。

（1）防火舱

防火舱由坚实的顶棚构成，覆盖在火灾荷载较高的特定区域内，利用局部消防措施，如机械排烟系统、自动报警系统、自动喷淋系统、防火分隔和防烟分隔，对火灾荷载高的区域进行火灾防护。这一设计旨在弥补大空间内无法设置全范围的消防措施的不足，有效限制火灾的发生和蔓延，保障生命、财产及运营安全。这样，就无须为限制火灾和烟气的蔓延对大空间进行物理防火分区，从而保证人员的自由流动和运营的连续性。其主要适用于商业零售区、办公室、厨房操作间、仓储式商店等火灾荷载高的区域，航站楼商铺、办票区、指廊等大空间局部高风险区域，以及国际机场、车站等需保障人员自由流通和运营连续性的大型建筑。此外，防火舱有开放舱和封闭舱两种形式。每个防火舱面积一般控制在 $300m^2$ 以内。对于小于 $100m^2$ 的封闭式防火舱，其内可不设置机械排烟系统。

开放舱通常设置在火灾荷载小、人员流动多的地方，例如主楼办票岛、零售商业等区域。开放舱的顶棚内设有储烟舱，如果开放舱内有隔墙，那么顶棚及隔墙的耐火极限应达到 1h。开放舱的正面开向大空间且没有遮挡物，在正常情况下，开放舱四周是开放的，但在火灾发生时，会有固定的挡烟垂壁或自动下降的挡烟垂壁进行烟气防护。此外，开放舱还配备有火灾自动探测报警系统，用来启动排烟风机，以及自动喷淋系统，用来控制火灾规模，排烟系统则是根据喷淋控制的火灾规模进行设计的，如图 3.9 所示。

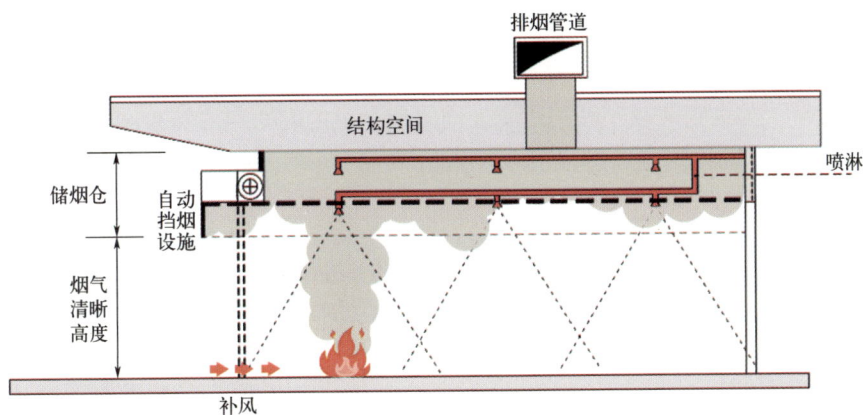

图 3.9 开放舱示意图

封闭舱主要设置在火灾荷载较高而人员较少的区域，比如办公室、厨房及仓储式商店等。封闭舱的顶棚及隔墙的耐火极限也应达到 1h。当封闭舱的墙上有开口时，例如商店的前门，应设置自动下降的防火卷帘，并且防火卷帘下不能有任何障碍物，同时应在房间内明显位置设置手动控制按钮。防火卷帘分两级关闭，以便于人员疏散。封闭舱还配备有自动喷淋系统。封闭舱的设置应有利于人员疏散及消防队员扑救，并且能够同时阻止烟气蔓延与火焰辐射，如图 3.10 所示。

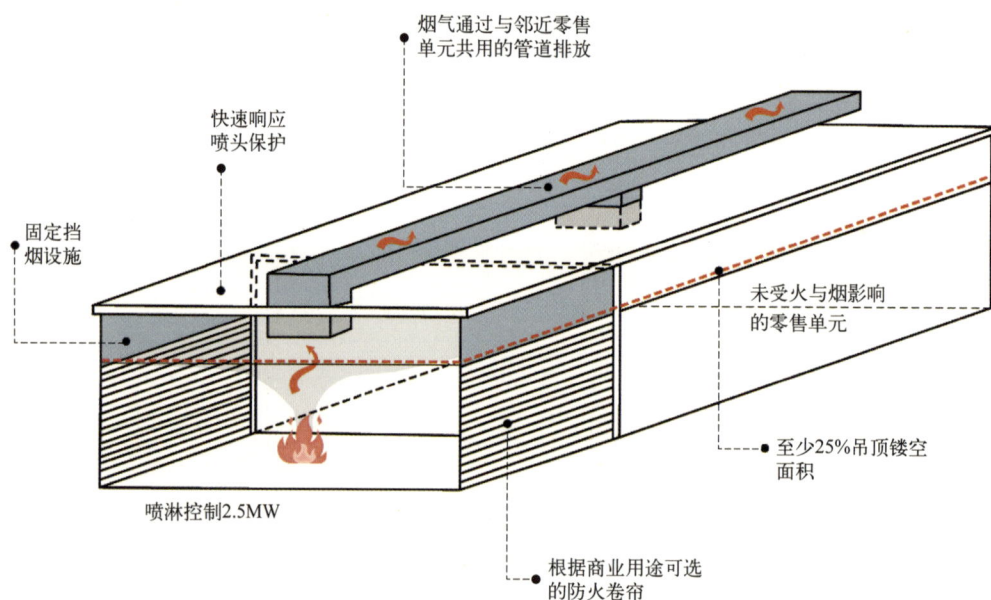

图 3.10 封闭舱示意图

（2）燃料岛

针对大空间场所，当无法用防火舱对移动的或固定的售货亭和商务办公区进行保护时，就需要采用燃料岛的概念来设计保护方案。燃料岛的概念是将这些零散分布的可燃物区域划分成一个个相对独立的"岛"，并充分利用已有的建筑设计在"岛"与"岛"之间或"岛"与火灾荷载较高的区域之间保持一定的间距作为防火间距，其要求如表 3.7 所示。这种设计主要用于在大空间建筑中，如机场航站楼、候车厅等，如图 3.11 所示。基于这种大空间，当某个燃料岛起火时，烟气和大部分的热量会通过羽流向高顶棚对流蔓延，而少部分热量则以水平辐射的形式向四周传递，因此起火的燃料岛和相邻未起火的燃料岛之间的火灾蔓延主要靠火源的热辐射作用，如图 3.12 所示。由于火源的热辐射强度会随着距离增加以及热释放率减小而急剧衰减，即使没有灭火设备对火灾规模进行控制，只要限制可燃物的火灾荷载和在可燃物之间保持足够的距离，火灾蔓延也通常不会发生。这样可燃物就形成了一个个燃料岛，"岛"与"岛"之间的人流通行区域形成了天然的防火隔离带。

表 3.7　燃料岛的安全间距

燃料岛的面积 /m²	燃料岛之间的安全间距 /m
9	3.5
12	4.0
15	4.5
20	6

图 3.11　某候车厅空间

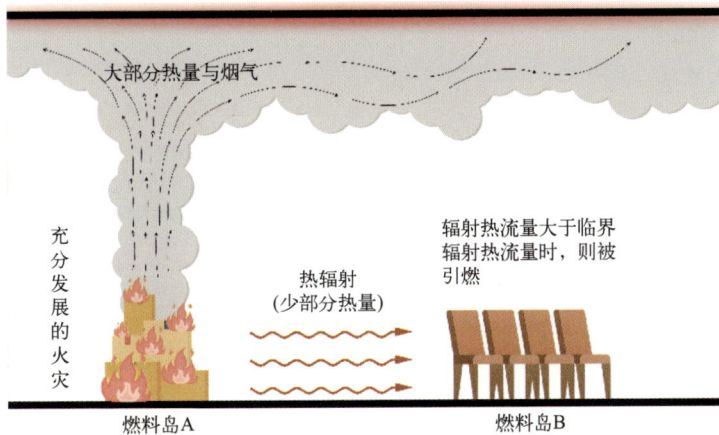

图 3.12　火灾辐射蔓延图示

课后思考题

1. 简述火灾荷载分布不均的表现形式及其对火灾风险评估和消防安全设计带来的挑战。

2. 在控制固定火灾荷载方面，建筑耐火等级、构件耐火性能和装修材料燃烧性能等级的作用分别是什么？请结合文中相关内容进行说明。

3. 活动式火灾荷载及临时性火灾荷载的控制主要通过哪些措施实现？请列举并简述文中提到的防火舱和燃料岛的概念及其在火灾防控中的作用。

第 4 章　防止火灾蔓延

4.1　防止火焰蔓延

4.2　防止烟气蔓延

在现代城市发展中，火灾蔓延一直是城市发展面临的重大挑战。然而，回溯历史长河，我们的祖先在尚未科学地认知火灾发展机理的时候，就已展现出卓越的防患于未然的智慧。面对未知的火灾威胁，古代建筑如何布局？早在春秋时期，《左传》中就记载了"撤小屋，涂大屋"的防火策略，如**图4.1**所示。它是指在火灾发生时，火灾尚未波及之处，快速拆除外围小体量建筑，加宽大体量建筑间的防火间距，同时，还在体量较大的建筑外墙涂泥巴，进一步防止火灾蔓延。这种柔性的防火设计思维，与现代韧性城市理念不谋而合。

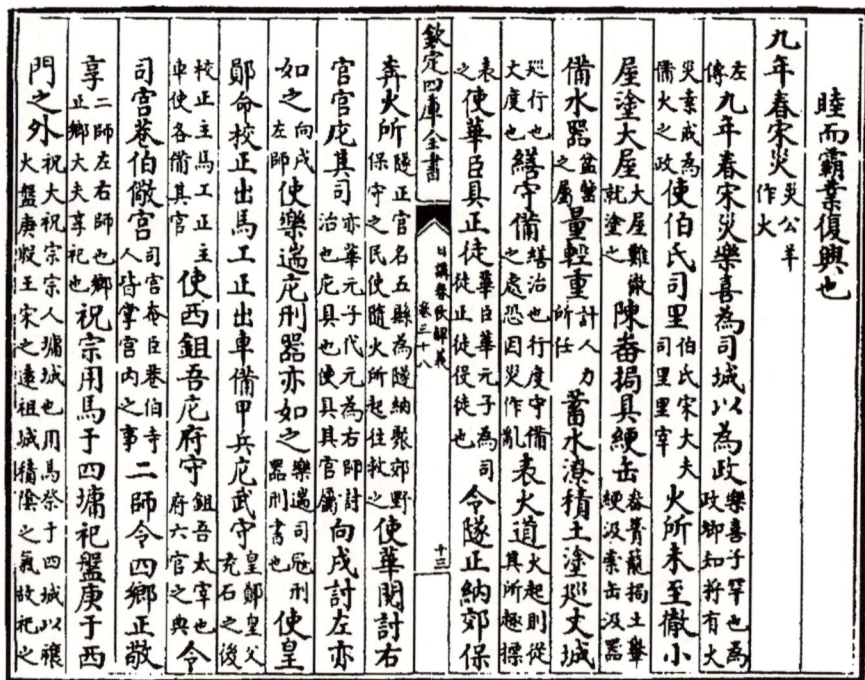

图 4.1　自古以来的传统消防智慧

随着城市规模扩大，唐代长安城布局采用里坊制将防火理念推向新的高度，如**图 4.2**所示。里坊制将城市划分为若干独立单元，这种布局在某种意义上与防火单元的设计理念高度契合：一旦发生火灾，火势将被切分限制在特定单元内，避免影响其他区域。且单元之间应保持一定间距，使得各单元之间不会相互影响，从而达到控制火灾蔓延的目的。在此基础上，建筑山墙的做法进一步体现了防火分隔的思想，如我们熟知的马头墙设计，通过高出屋面的墙体阻止火势通过屋顶层的空隙在建筑间蔓延，如**图 4.3**所示。古人在缺乏现代消防技术的条件下，将防火理念融入城市规划与建筑设计，创造出的防灾体系对现代防火设计产生深远影响。

在火灾中，火焰和烟气是两个对人民生命财产安全构成极大威胁的关键因素。因此，我们有必要将这两个因素作为研究的重点，通过实施分区、间隔、分隔等策略，以防止火灾中火焰与烟气的蔓延。火灾一旦失控，会迅速烧毁建筑结构，危及人员生命安全。故阻止火灾蔓延能为人员疏散争取时间，降低火灾危害范围，保障建筑整体安全性。

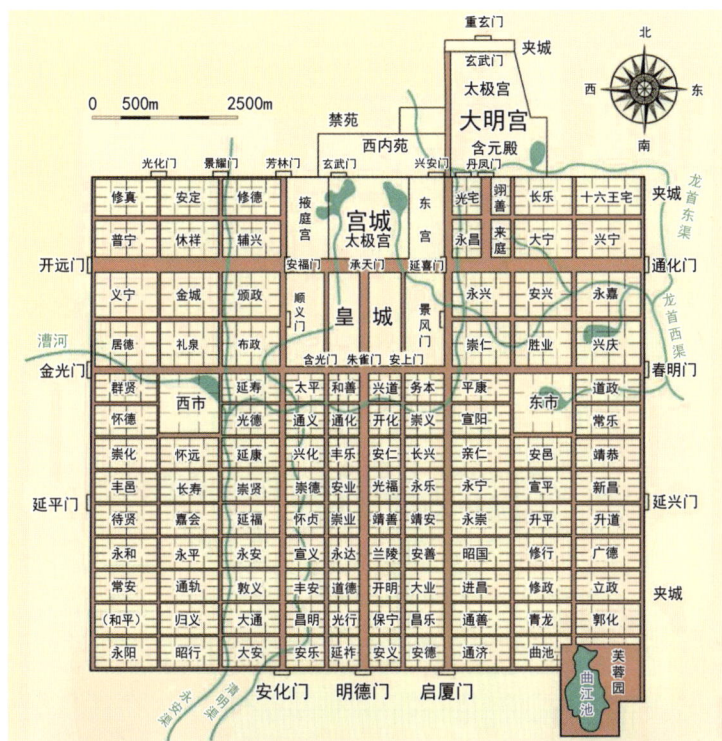

图 4.2　里坊制的建筑布局

图 4.3 建筑山墙的做法

4.1 防止火焰蔓延

4.1.1 防火间距

4.1.1.1 防火间距的影响因素

防火间距是防止着火建筑的热辐射在一定时间内引燃相邻建筑，以便于消防扑救的间隔距离。由于火焰主要的蔓延方式为热辐射、热对流、飞火和火焰直接接触燃烧，因此需要设置防火间距以防止火焰在相邻的建筑物之间相互蔓延，并为人员疏散、消防救援和灭火提供条件。

防火间距本质上受三个方面的因素影响，分别为火灾蔓延机理、消防救援水平和建筑本体耐火程度。首先，当火灾蔓延时，受灾建筑是否会对周围建筑造成影响，主要取决于火焰的热辐射与热对流的程度，并受灭火时间与风向及风速的影响，因此两栋建筑之间应保持合理间距以降低热辐射的危害。其次，消防救援水平也会影响建筑防火间距制定的合理性。相邻建筑的高度与建筑物内外消防设施的水平往往影响着消防救援的施展，因此也会对建筑的防火间距造成影响。最后，建筑自身的耐火程度决定着火灾规模的大小与蔓延的快慢，需根据建筑的可燃物种类和数量与外墙材料的燃烧性能和门窗洞口的面积等要素共同决定建筑间的防火间距。防火间距的影响因素如图 4.4 所示。

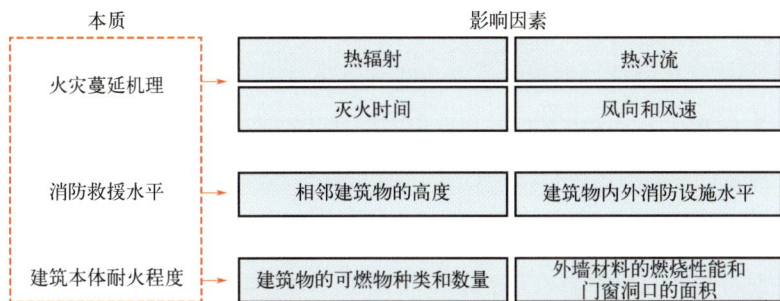

图 4.4　防火间距的影响因素

4.1.1.2　防火间距不做限制的情况

在建筑的防火设计中，存在着一些对于防火间距不做限制的特殊情况，如**表 4.1** 所示。也就是说我们需要明确在何种情况下，可将多个建筑视作同一个建筑，而不考虑其防火间距。

表 4.1　防火间距不做限制应符合的条件

序号	条件
1	两座建筑相邻，高度不同，较高一面外墙为防火墙，或高于相邻较低一座一、二级耐火等级建筑的屋面 15m 及以下范围内的外墙为防火墙。相邻较低一面外墙为防火墙且屋顶无天窗，屋顶的耐火极限不低于 1.00h
2	两座建筑相邻，高度相同，一、二级耐火等级建筑中相邻任一侧外墙为防火墙，屋顶的耐火极限不低于 1.00h
3	相邻两座单、多层建筑，当相邻外墙为不燃烧体且无外露的燃烧体屋檐，每面外墙上无防火保护的门、窗、洞口不正对开设且该门、窗、洞口的面积之和不大于该外墙面积的 5% 时，其防火间距可按规定减少 25%
4	除高层民用建筑外，数座一、二级耐火等级的住宅建筑或办公建筑，当建筑物的占地面积总和不大于 2500m^2 时，可成组布置，但组内建筑物之间的间距不宜小于 4m

注：引自《建筑设计防火规范（2018 年版）》（GB 50016—2014）。

当两个建筑高度相同时，建筑相对的两个立面是火势蔓延的主要界面，如果这两个建筑立面皆为防火墙时，我们就可以将这两道防火墙及其中间的区域等同于"建筑防火分隔中的一堵厚厚的防火墙"，火灾显然不易在两者之间进行蔓延，防火间距因此可以无限接近。

当两个建筑高度不相同时，火势不仅会在建筑相对的两个立面间蔓延，也会在较高建筑的立面和较低建筑的屋顶之间蔓延，如果两个建筑的立面为防火墙，且较低高度的建筑屋面具有较高防火性能，那么这两个高度不同的建筑中间同样等同于"建筑防火分隔中的一堵厚厚的防火墙"，防火间距可无限接近。

在规范的条件中，对屋顶做出了严格的限制。由于屋顶是建筑中防火较为薄弱的环节，在火灾中屋顶结构极易被火灾破坏而坍塌，火焰与烟流会对相邻的较高建筑造成影响，因此需要保证屋顶具有较高防火性能以适应防火间距无限制的特殊情况。

4.1.1.3　城中村、历史街区的防火间距

如今在高密度城市的城中村、历史街区等复杂区域中，防火间距无法达标是该区域面临的重要防火问题。建筑防火等级不高、外墙不是防火墙、建筑间隔较低是城中村建筑的普遍性的情况，相邻建筑若发生火灾，火焰极易蔓延到其周边的建筑当中。在图4.5（a）的案例中，两栋建筑意图以连廊的形式将两者视为"同一建筑"，欲以该种方式减少建筑的防火间距，但是在该建筑中，两者的山墙均采用了轻质隔墙，建筑防火等级较低，且建筑的门窗洞口未采用防火门窗，并不符合视作"同一建筑"的底层原理。而在图4.5（b）的案例中，两个建筑相邻的山墙均采用了实墙，且为防火墙，并且墙面上没有开窗，因此火灾不易从间距中蔓延到相邻的建筑上，因此其防火间距可以不做限制，符合消防防火规范的规定。

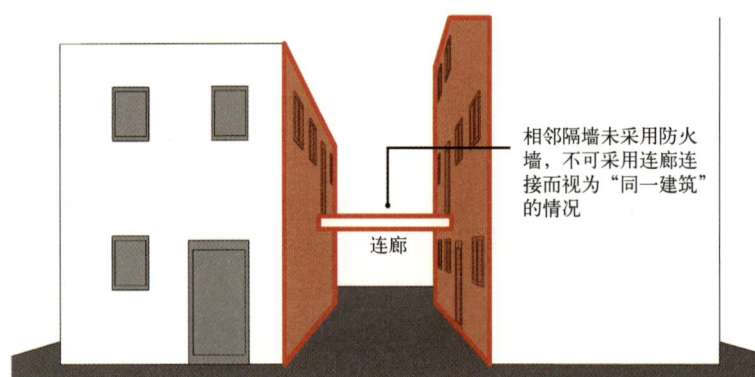

相邻隔墙未采用防火墙，不可采用连廊连接而视为"同一建筑"的情况

连廊

(a) 需符合防火间距的情况

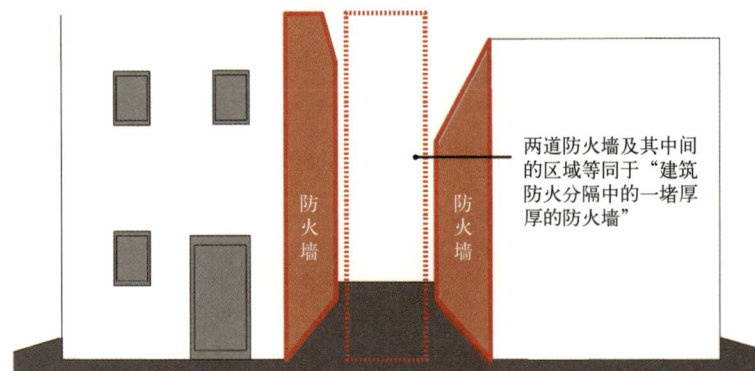

两道防火墙及其中间的区域等同于"建筑防火分隔中的一堵厚厚的防火墙"

防火墙　防火墙

(b) 防火间距不做限制的情况

图4.5　高密度街区的防火间距示例

城中村和历史街区内的建筑存在着较为严重的消防安全问题，主要集中在该地区建筑防火间距不足的方面。由于城中村街区不断更新迭代，不同功能、材料、形态的建筑群落混杂，安全等级差异巨大，因此在城中村建筑群的防火间距中，两边的界面面临着安全等级不同的问题，无法统一进行界定。如今城中村建筑难以符合当今消防安全相关规定的要求，倘若基于当今的规范对城中村进行改造，相关的建筑设计将无从下手。同时，目前对于既有保护建筑的防火处理往往过于简单粗暴，采用将临街耐火等级较低的门窗洞口与墙体用耐火等级较高的混凝土进行取代，以此满足防火间距不做限制的要求。但是此种方式不仅严重破坏当地建筑的活性与当地居民的生活习惯，也违背了既有保护建筑改造的初衷。如何在保留门窗使得建筑内外有所交流的同时，又能够防止烟气与火焰的蔓延，是既有建筑与历史保护街区改造的核心问题。

一般而言，对于城中村内既有建筑及历史保护建筑的消防安全改造，主要的基本办法有"改，调，堵，拆"。首先是"改"，可通过改变建筑物的生产和使用性质，减少火灾危险，或设置独立的防火墙、防爆墙或加高围墙作为防火墙，改变房屋的部分结构来提高建筑的耐火等级以缩小防火间距。其次是"调"，可调整建筑的部分工艺流程和库房物品的储存数量等，以及调整部分构件的耐火极限和燃烧性能。再次是"堵"，堵塞部分无关紧要的门窗，把普通墙变成防火墙。最后是"拆"，对于部分耐火等级低、占地面积小、价值较小且与新建筑物相邻的房屋可进行拆除。此外，对于局部历史文化价值极高但防火间距确不满足要求的区域，可依靠先进的防火技术来减少防火间距，如相邻外墙采用防火卷帘及水幕保护等。封堵门窗的消防改造措施如图 4.6 所示。

图 4.6　封堵门窗的消防改造措施

4.1.2　防火分区

4.1.2.1　防火分区的概念

防火分区是指在建筑物内部通过设置防火墙、防火门、防火卷帘等防火设施分隔，能够在一定时间内防止火灾向建筑其余部分蔓延的局部空间，旨在控制火灾的蔓延和烟气的扩散，保护人员安全疏散和消防救援，如图 4.7 所示。防火分区根据方向主要分为水平防火分区与竖向防火分区。水平防火分区是指采用具有一定耐火能力的墙体、门、窗等水平防火分隔物，按规定的建筑面积标准，将建筑物各层在水平方向上分隔为若干个防火区域的分区。随着人们对空间需求的提升，可通过安装防火卷帘、防火水幕的形式，使得建筑平层空间在视觉上进行延展，在火灾发生时通过防火卷帘、防火水幕的启用来达到火灾分隔的目的。竖向防火分区是为了把火灾控制在一定的楼层范围内，防止其从起火层向其他楼层垂直蔓延而设置的分区。竖向防火分区主要是用具有一定耐火性能的钢筋混凝土楼板、上下楼层之间的窗间墙作为防火分隔构件。如图 4.8 所示。

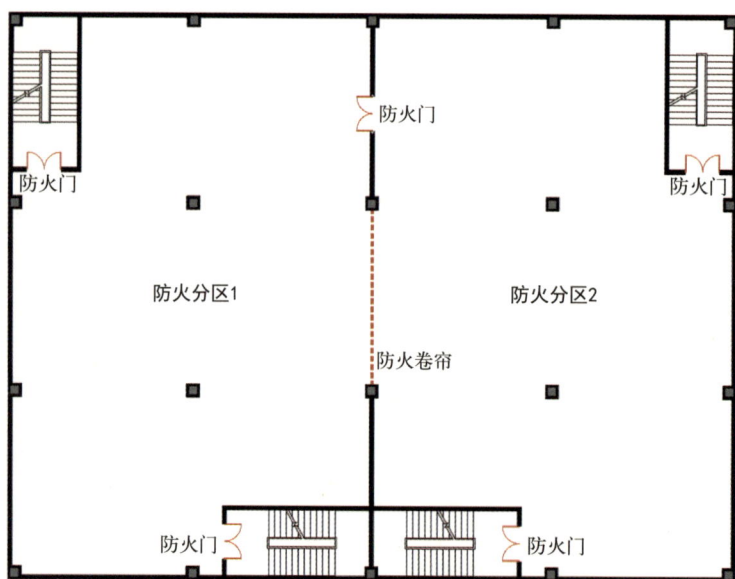

图 4.7　防火分区

"防火分区"与"防火单元"是两个完全不同的概念，防火分区是通过使用防火墙、防火门、防火卷帘等防火分隔措施来划分的区域，目的是在发生火灾时将火势限制在一定范围内，防止火势蔓延到其他区域，它可理解为独立的"范围"或"区间"。它的设计需要考虑建筑物的使用功能、火灾荷载的分布以及人员疏散的需求，并能够在火灾发生时保持一定时间的耐火极限，从而为人员的疏散、火灾的扑灭争取时间。防火单元是指通过防火间距、防火墙、防火隔墙（或外墙）、楼板及其他防火分隔措施进行分隔，具备一定防火性能的有限空间，其主要功能包括隔离火灾、延缓火势以及防止结构失效。防火分区的出现是防火单元的一大突破，在分隔措施方面上，防火分区的设置比防火单元更加灵活，防火分区不仅可以通过防火墙进行分隔，也可以通过防火卷帘、防火玻璃、防火水幕等多种形式进行灵活分隔。

图 4.8　横向大空间与竖向大空间

从防火单元到防火分区，规范相关条款经历了重要的演变。在 1960 年版《关于建设设计防火的原则规定》和 1974 年版《建筑设计防火规范》（TJ 16—74）中，为有效防止火灾的扩大和蔓延，在建筑设计中，对于火灾危险性较大的厂房、仓库以及其他建筑物，还有建筑物内部可能造成重大损失的房间和易蔓延的部位，均要求设置适当的防火分隔。当时采用"防火墙间最大允许占地面积"这一表述来限定建筑的最大允许面积。然而，到了 1987 年版《建筑设计防火规范》（GBJ 16—1987），首次引入了防火分区的概念。这意味着随着防火分隔技术的不断进步，建筑的防火分区面积处理变得更加灵活，能够更好地适应不同平面功能的需求。

4.1.2.2　防火分区的划分方式及最大面积

防火分区划分的基本原则为：①防火分区必须结合建筑物的使用功能、平面形状、人员交通和疏散要求等实际情况进行划分。②作为人员疏散通道的楼梯间、前室和某些具有避难功能的场所，以及为扑救火灾而设置的消防通道，必须受到完全保护。③建筑内有特殊防火要求的场所和部位，应设置更小的防火分区进行特殊的防火分隔，如各种竖向井道，附设在建筑物内的消防控制室、固定灭火装置的设备室

（如钢瓶间、泡沫间）、通风空调机房，设置贵重设备和贮存贵重物品的房间，火灾危险性大的房间，避难间等。④建筑物设有自动喷水灭火系统时，防火分区的面积可适当加大。同时，对于防火分区的面积划分应根据建筑物的使用性质、高度、消防扑救能力等因素并依据基本原则确定。不同耐火等级民用建筑防火分区最大允许建筑面积如**表 4.2** 所示。

表 4.2　不同耐火等级民用建筑防火分区最大允许建筑面积

名称	耐火等级	防火分区的最大允许建筑面积 /m²	备注
高层民用建筑	一、二级	1500	对于体育馆、剧场的观众厅，防火分区的最大允许建筑面积可适当增加
单、多层民用建筑	一、二级	2500	
	三级	1200	—
	四级	600	—
地下或半地下建筑（室）	一级	500	设备用房的防火分区最大允许建筑面积不应大于1000m²

注：引自《建筑设计防火规范（2018 年版）》（GB 50016—2014）表 5.3.1。

建筑物中涉及的不同使用性质会导致建筑中不同部位的火灾危险性各不相同，因此在划分防火分区时，我们需根据场所功能的不同，进行不同火灾风险类别的分区设计。例如旅馆、餐饮、商业、办公等功能场所合建时，此类别属于多种功能组合的建筑，不同功能部分应分别定性。火灾风险类别相同或相近，且风险等级相当的场所，宜划分为相对独立的防火分区。火灾风险类别或风险等级有较大区别的场所，专供老人或儿童等起居活动的场所，应采取严格的防火分隔措施。对于附设在建筑内的局部功能场所，例如附设在办公、酒店等建筑内部，供自用的会议室、多功能厅、健身房等，此类别属于同一功能建筑，不影响防火定性。火灾风险类别相同或相近，且风险等级相当的场所，可不作防火分隔要求（有规定者除外）。火灾风险类别或风险等级有较大区别的场所，应采取严格的防火分隔措施。

建筑的高度不同会导致建筑中人员的疏散难易程度的不同，在防火分区面积的界定方面也作了区别。在高层建筑中，火灾由于烟囱效应，火势蔓延速度快，容易形成立体燃烧。同时，高层建筑人员疏散距离长、时间长，更小的防火分区可以为人员疏散提供相对安全的区域，降低人员伤亡风险。因此，相较于单、多层建筑，高层建筑的防火分区面积控制在更小范围内，可以有效控制火势蔓延，防止火灾迅速波及整个建筑。

另一方面，火灾扑救的难易程度与当今的消防救援水平有关，因此需对不同救援难度的建筑进行相应防火分区的划分，保证其自身的火灾抵抗能力。对于地下建筑，由于其缺乏自然通风和采光，火灾发生后，烟气和热量难以扩散，容易积聚形成高温高浓烟环境，严重影响能见度和人员行动，且地下建筑结构复杂，因此该类建筑消防扑救难度大。此时，更小的防火分区可以在一定程度上降低火灾的规模和强度，为消防救援争取时间，提高扑救成功率。

当然，任何区域内，如果其配备更加先进且完善的自动灭火系统、火灾报警系统等消防设施，其防火分区面积可以适当增大，这是因为通过自动消防灭火设施可在火灾初期及时发现并扑灭火源，有效控制火势蔓延，从而弥补了防火分区面积较大的风险。

4.1.2.3　特殊区域的防火分区

在防火分区的运用和划分的过程中，存在着一定的特殊情况，如地下空间、中庭空间、自动扶梯区域等防火分区的划分。对于横向面积较大的地下空间，需严格采用防火分隔措施，将火灾限定在一定的范围中。对于竖向高度较大的空间，需采用防火卷帘的形式将竖向的贯通区域同周边的区域分隔开来，防止烟气沿贯通区域向各层蔓延。

（1）地下商业空间的防火分区

在地下商业空间的防火分区设计中，由于地下空间自然通风条件受限、空间纵深较大且人员密度较高，火灾消防面临着更为严峻的挑战，如图 4.9 所示。根据《建筑防火通用规范》（GB 55037—2022），一、二级耐火等级建筑内的商店营业厅，若配备了自动灭火系统和火灾自动报警系统，并采用不燃或难燃装修材料，当其设置在地下或半地下时，防火分区面积不应超过 2000m^2。

图 4.9　地下商业空间

然而，近年来在实际工程中，地下商店的规模不断扩大，且大量采用防火卷帘门作为防火分隔，导致数万平方米的地下商店连成一片，这不仅不利于人员的安全疏散，也给火灾扑救带来了极大困难。因此，除了对内部防火分区面积进行严格限制外，还需对总建筑面积加以控制。具体而言，总建筑面积超过 $20000m^2$ 的地下或半地下商店，应通过无门、窗、洞口的防火墙以及耐火极限不低于 2.00h 的楼板进行分隔，形成多个建筑面积不超过 $20000m^2$ 的区域。在相邻区域确需局部连通时，应采用下沉式广场等室外开敞空间、防火隔间、避难走道或防烟楼梯间等方式进行安全连通，以确保火灾时人员能够快速疏散并有效控制火势蔓延。

（2）中庭空间的防火分区

中庭空间是在建筑物内部、上下贯通的多层空间，同时也是建筑内部的庭院空间。多数中庭空间的屋顶或外墙的一部分结构采用钢结构和玻璃，以使阳光充满内部空间，具有交通、服务、展示等多方面的功能。由于中庭的上下贯通的特点，使得火灾烟气极易于中庭空间进行蔓延，如图 4.10 所示。中庭空间主要分为三种类型：屏蔽型中庭、回廊型中庭和敞开型中庭。对于使用者而言，更加开放的中庭空间形式通常更受欢迎。然而，敞开型中庭四周空间很少完全用隔断封闭，有时甚至完全敞开。这种设计虽然提升了空间的开放性，但也增加了火灾风险，因此火灾时烟气的控制尤为重要。相比之下，由于屏蔽型中庭和回廊型中庭的房间朝向中庭的墙面是封闭的，因此火灾对周边房间的影响相对较小。

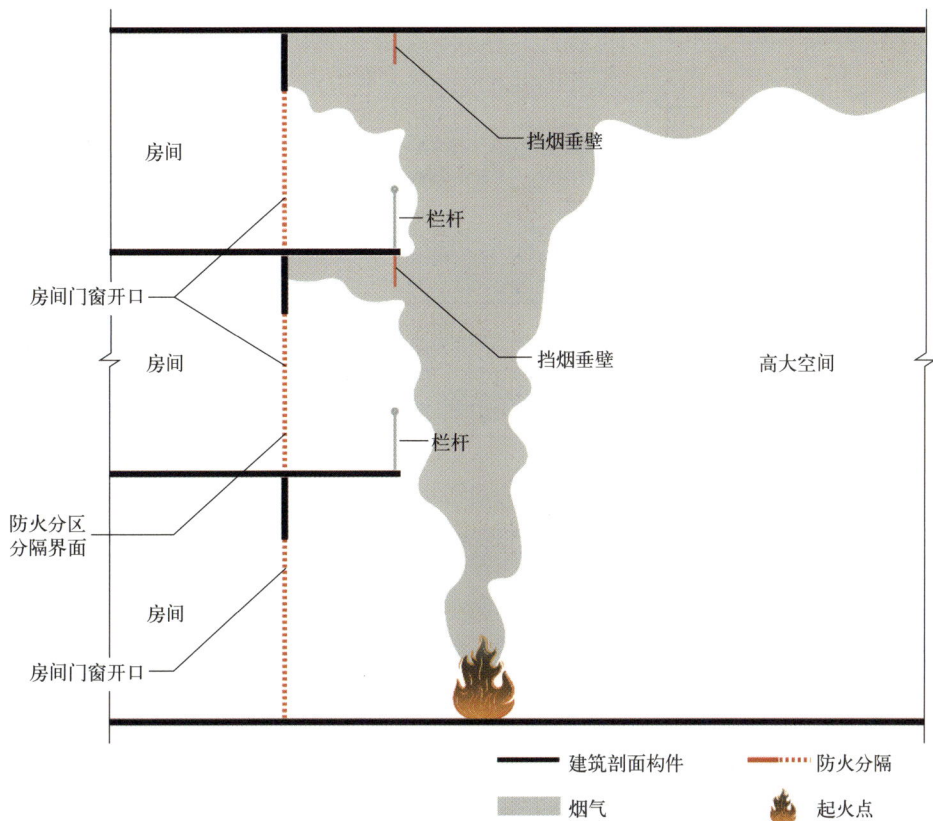

图 4.10　多层高大空间的烟气蔓延

当建筑内部设置中庭时，其防火分区的建筑面积应按照上下层相连通的建筑面积叠加计算。中庭防火分区的划分通过其防火分隔界面进行界定。然而，由于三种中庭在火灾时对烟气和火焰的防范能力不同，因此其防火分区界面范围也有所差异。屏蔽型中庭通过防火墙将中庭与周边房间完全隔绝，具有较强的防火防烟屏蔽能力。在同等防火分区面积限制下，由于其防火分隔直接面对中庭，所以屏蔽型中庭的可用面积相对较大。回廊型中庭在屏蔽型中庭的基础上，增加了环绕中庭的廊道，在防火分区面积不变的前提下，廊道向中庭外挑出，使得中庭界面更加开敞，相应地减小了其可用面积。敞开型中庭四周房间向中庭开放，甚至有些没有明确的防火分隔界面，防火分隔相对延后。在同等防火分区面积限制下，敞开型中庭的可用面积最小，但这种设计却赋予了其更加开放的空间效果。因此，屏蔽效果越好的中庭，安全性越高，但空间开放性越差；而越开放的中庭形式，其可用面积也越小。这表明在设计中庭时，需要在安全性与空间开放性之间找到平衡，以满足不同使用者的需求。不同中庭类别的开放性如图 4.11 所示。

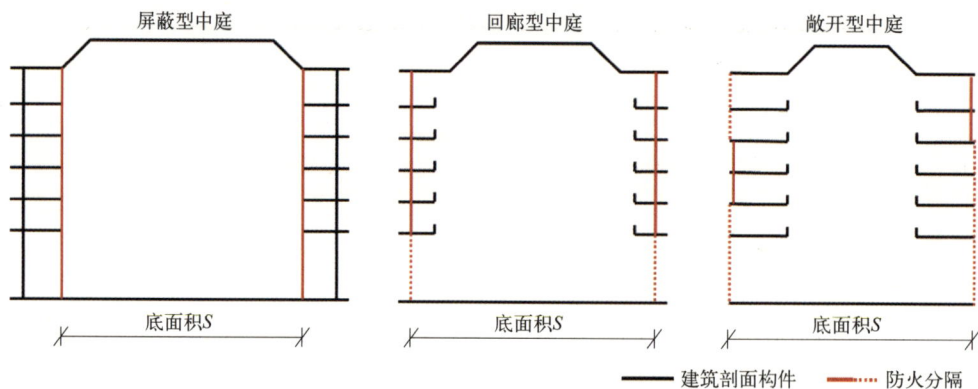

屏蔽型中庭　　　　　回廊型中庭　　　　　敞开型中庭

底面积S　　　　　　底面积S　　　　　　底面积S

—— 建筑剖面构件　······ 防火分隔

图 4.11　不同中庭类别的开放性

（3）自动扶梯区域的防火分区

自动扶梯是一种固定电力驱动设备，专门用于在不同高度的楼层之间向上或向下倾斜输送乘客。它广泛应用于商场、地铁站、机场、火车站、购物中心等公共场所，极大地便利了人们在楼层间的快速移动。然而，自动扶梯在建筑内连通上下楼层的开口会破坏防火分区的完整性。由于其在建筑内分布广泛，火灾时可能导致火势在多个区域和楼层蔓延，因此必须高度重视该区域的火灾风险。通常情况下，自动扶梯连通上下两层或多个楼层。在火灾发生时，这些开口会成为火势竖向蔓延的主要通道，火势和烟气会从开口部位迅速侵入上下楼层，给人员疏散和火灾控制带来极大困难。因此，应将自动扶梯上下连通的区域视为一个整体，综合考虑防火分隔的布置。基于此，当建筑内设置自动扶梯上、下层相连通的开口时，其防火分区的建筑面积应按照上、下层相连通的建筑面积叠加计算，以确保防火分区的有效性和安全性。扶梯区域防火分区如图 4.12 所示。

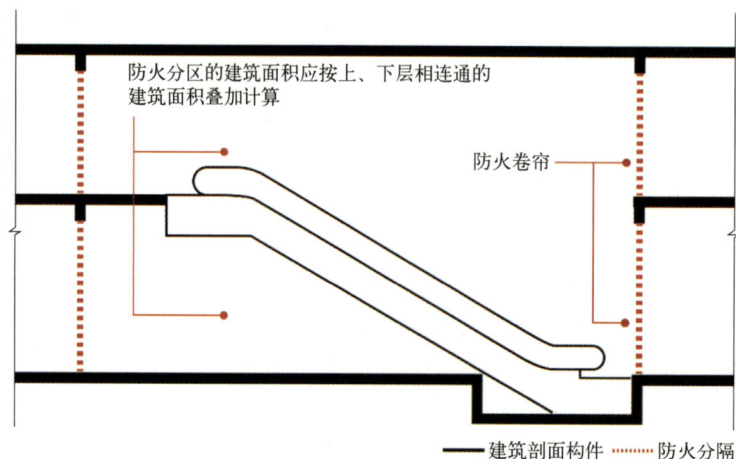

防火分区的建筑面积应按上、下层相连通的建筑面积叠加计算

防火卷帘

—— 建筑剖面构件　······ 防火分隔

图 4.12　扶梯区域防火分区

4.1.3　防火分隔

防火分隔是指在建筑内部采用防火墙、楼板、防火门、防火窗等具有一定耐火性能的建筑构件进行空间分隔，以在一定时间内限制起火区域火灾蔓延的措施。其目的是控制火势的蔓延，减少人员伤亡和经济损失，同时为人员安全疏散和火灾扑救提供有利条件。

防火分隔构件根据其功能的不同分为竖向防火分区的防火分隔构件和水平防火分区的防火分隔构件，如图 4.13 所示。竖向防火分区的防火分隔构件为耐火楼板、上下楼层之间的窗间墙、封闭和防烟楼梯间等。水平防火分区的防火分隔构件为防火墙、防火门、防火窗、特级防火卷帘以及有冷却水或水雾保护的钢质防火卷帘、防火水幕带、窗间墙及防火带等。

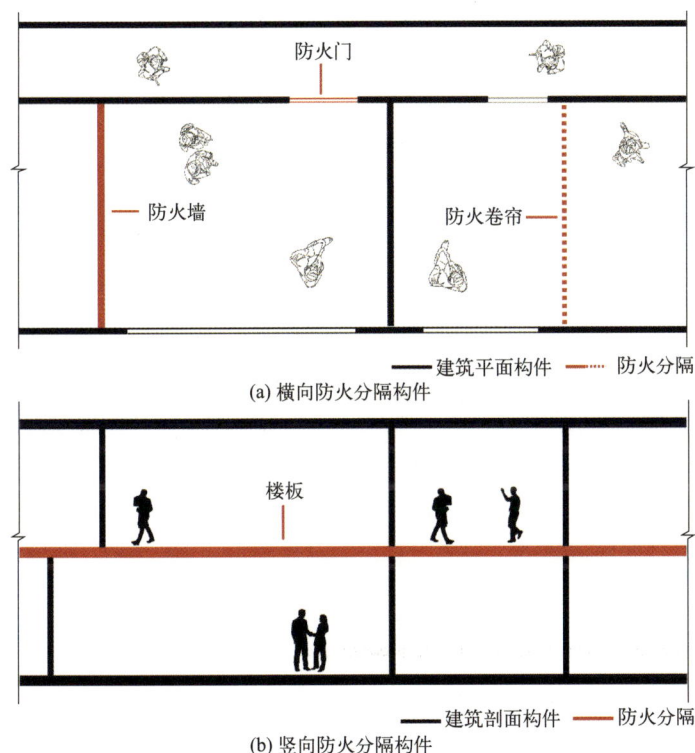

防火门

防火墙　　　　　　　　防火卷帘

—— 建筑平面构件　┄┄ 防火分隔
(a) 横向防火分隔构件

楼板

—— 建筑剖面构件　—— 防火分隔
(b) 竖向防火分隔构件

图 4.13　防火分隔构件

4.1.3.1　防火门

防火门是指在一定时间内连同框架能满足耐火稳定性、完整性和隔热性要求的门，设在防火分区间、疏散楼梯间、垂直竖井等具有一定耐火性的防火分隔物，如图 4.14 所示。防火门、防火窗应具有自动关闭的功能，在关闭后应具有烟密闭的性能。宿舍的居室、老年人居室、旅馆建筑的客房的开向公共内走廊或封闭式外走廊的疏散门，应在关闭后具有烟密闭的性能。宿舍的居室、旅馆建筑的客房的疏散门，应具有自动关闭的功能。

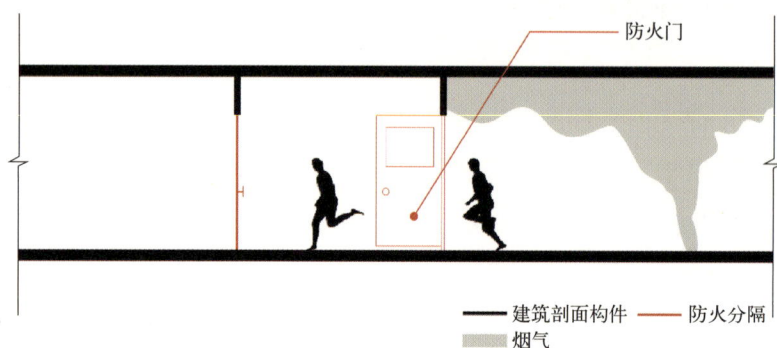

图 4.14　防火门

4.1.3.2　防火卷帘

防火卷帘是在一定时间内，连同框架能满足耐火稳定性和完整性要求的卷帘，由帘板、卷轴、电动机、导轨、支架、防护罩和控制机构等组成。防火卷帘主要用于需要进行防火分隔的墙体，特别是作为防火墙、防火隔墙上因生产、使用等需要开设较大开口而又无法设置防火门时的防火分隔。除中庭外，当防火分隔部位的宽度不大于 30m 时，防火卷帘的宽度不应大于 10m；当防火分隔部位的宽度大于 30m 时，防火卷帘的宽度不应大于该部位宽度的 1/3，且不应大于 20m。防火卷帘应具有在火灾时不需要依靠电源等外部动力源而依靠自重自行关闭的功能，并应在关闭后具有烟密闭的性能。防火卷帘如图 4.15 所示。

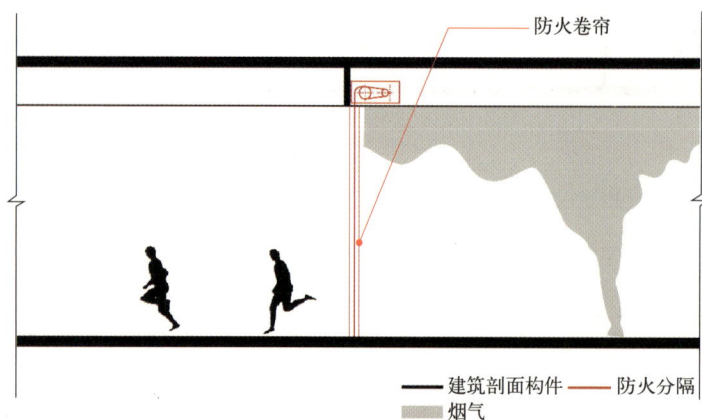

图 4.15　防火卷帘

4.1.3.3　防火窗

防火窗是采用钢窗框、钢窗扇及防火玻璃（防火夹丝玻璃或防火复合玻璃）制成的，能起隔离和阻止火势蔓延作用的防火分隔物，在一定时间内安装的防火玻璃连同框架能满足耐火稳定性和耐火完整性要求。防火窗主要设置于防火间距不足部位的建筑外墙上的开口或天窗、建筑内的防火墙或防火隔墙上需要观察的部位以及需要防止火灾竖向蔓延的外墙开口部位。防火窗如图 4.16 所示。

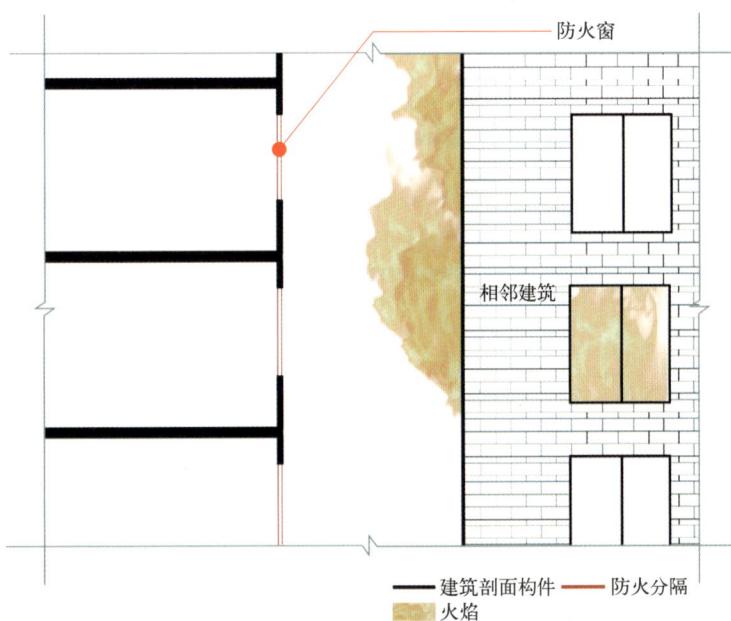

图 4.16　防火窗

4.1.3.4　防火墙

防火墙是为减小和避免建筑物、结构、设备遭受热辐射危险或防止火灾蔓延，在室内设置竖向分隔体，或者直接设置在建筑物基础上或框架、梁等承重结构上，具有规定耐火性能的墙，如图 4.17 所示。防火墙用于划分防火分区，是防止建筑火灾蔓延的重要分隔构件，能在火灾初期和灭火过程中，将火灾有效限制在一定空间内，阻断火灾从防火墙的一侧蔓延到另一侧，对于减少火灾损失具有重要作用。在建筑平面上，防火墙可分为与屋脊方向垂直的横向防火墙和与屋脊方向一致的纵向防火墙。根据设置位置，防火墙可分为内墙防火墙、外墙防火墙与室外独立防火墙。

防火墙的设置应符合以下相关规定：①防火墙应直接设置在建筑的基础或具有相应耐火性能的框架、梁等承重结构上，并应从楼地面基层隔断至结构梁、楼板或屋面板的底面。防火墙与建筑外墙、屋顶相交处，防火墙上的门、窗等开口，应采取防止火灾蔓延至防火墙另一侧的措施。②防火墙任一侧的建筑结构或构件以及物体受火作用发生破坏或倒塌并作用到防火墙时，防火墙应仍能阻止火灾蔓延至防火墙的另一侧。③防火墙的耐火极限不应低于3.00h。甲、乙类厂房和甲、乙、丙类仓库内的防火墙，耐火极限不应低于4.00h。

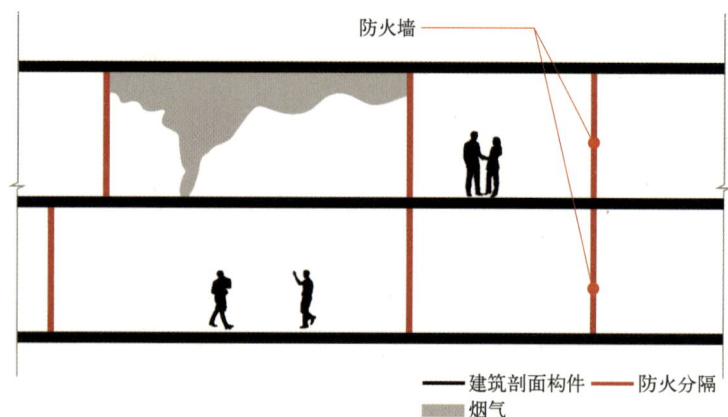

图 4.17　防火墙

4.1.3.5　防火水幕

防火水幕是由水幕喷头、雨淋报警阀组或感温雨淋阀、供水与配水管道、控制阀及水流报警装置等组成的主要起阻火、冷却、隔离作用的自动喷水灭火系统，如图 4.18 所示。在某些需要设置防火墙或其他防火分隔物而无法设置的情况下，可采用防火水幕进行分隔。防火水幕宜采用喷雾型喷头，也可采用雨淋式喷头。水幕喷头的排列不应少于3排，防火水幕带形成的水幕宽度不宜小于 5m。在设有防火水幕带的部位的上部和下部，不应有可燃或难燃的公共结构或建筑设备。

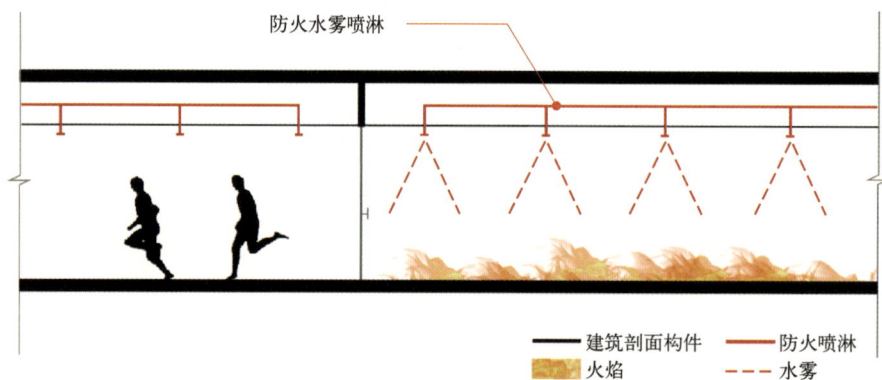

图 4.18　防火水幕

4.1.3.6　窗间墙与窗槛墙

窗间墙与窗槛墙是防止火焰通过建筑外立面的开口在同层或上下层的防火分隔措施。窗间墙是两窗之间的墙体，窗槛墙则是下层窗顶到上层窗台之间的墙体。火焰通过外墙窗口向建筑外立面进行蔓延是现代高层建筑火灾蔓延的重要途径，在建筑防火设计中，可适当增加窗槛墙的高度与窗间墙的宽度，防止火灾在水平方向与竖直方向上蔓延。窗间墙与窗槛墙如图 4.19 所示。

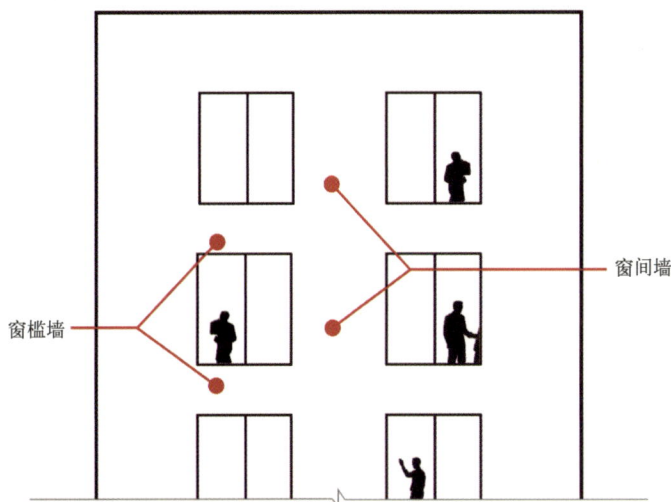

图 4.19　窗间墙与窗槛墙

对于高层公共建筑来说，玻璃幕墙是外立面常用的围护结构，但是这种结构的设置会给建筑上下层的火灾蔓延带来严重的影响。幕墙的玻璃在火灾初期会由于温度应力的作用而炸裂破碎，导致火灾由建筑物外部向上蔓延。垂直的玻璃幕墙与水平楼板之间的缝隙，也是火灾发生时烟火扩散的路径。因此，在设置玻璃幕墙时应结合窗间墙与窗槛墙进行同步设计。在建筑外墙上、下层开口之间设置实体墙或防火挑檐，能够在很大程度上阻止火势通过建筑外墙开口部位在垂直方向上的快速蔓延。当火灾发生时，实体墙可以有效阻挡火焰和高温烟气直接从下层开口向上层开口传递，防火挑檐则可以遮挡飞溅的火星和部分热量，减缓火势向上层蔓延的速度，为人员疏散和消防救援争取宝贵时间。由于自动喷水灭火系统能够在火灾初期及时喷水灭火，有效控制火势的规模和蔓延速度，因此实体墙与挑檐的长度可以有所降低。

对于住宅建筑来说，住宅分户墙、住宅单元之间的墙体、防火隔墙与建筑外墙、楼板、屋顶相交处，应采取防止火灾蔓延至另一侧的防火封堵措施。建筑外墙上、下层开口之间应采取防止火灾沿外墙开口蔓延至建筑其他楼层内的措施。在建筑外墙上水平或竖向相邻开口之间用于防止火灾蔓延的墙体、隔板或防火挑檐等实体分隔结构，其耐火性能均不应低于该建筑外墙的耐火性能要求。住宅建筑外墙上相邻套房开口之间的水平距离或防火措施应满足防止火灾通过相邻开口蔓延的要求。

4.1.3.7 各类竖井的防火分隔

电梯井的防火分隔应独立设置，井内严禁敷设可燃气体和甲、乙、丙类液体管道，并不应敷设与电梯无关的电缆、电线等。井壁应为耐火极限不低 1.00h 的不燃性墙体，井壁除设置电梯门、安全逃生门和通气孔洞外，不应开设其他洞口。电梯层门的耐火极限不应低于 2.00h，并应同时符合现行国家标准《电梯层门耐火试验 完整性、隔热性和热通量测定法》（GB/T 27903—2011）规定的完整性和隔热性要求。

竖向井道（电缆井、管道井、电梯井等）的防火分隔应独立设置，井壁应为耐火极限不低于 1.00h 的不燃性墙体，且井壁上的检查门应采用丙级防火门。建筑内的电缆井、管道井应在每层楼板处采用不低于楼板耐火极限的不燃材料或防火封堵材料封堵，电缆井、管道井与房间、吊顶、走道等相连通的孔隙应采用防火封堵材料封堵。垃圾道宜靠外墙独立设置，排气口应直接开向室外。井壁应为耐火极限不低于 1.00h 的不燃性墙体，井壁上的检查门应采用丙级防火门。垃圾斗应用不燃材料制作并能自行关闭。竖井的防火分隔如图 4.20 所示。

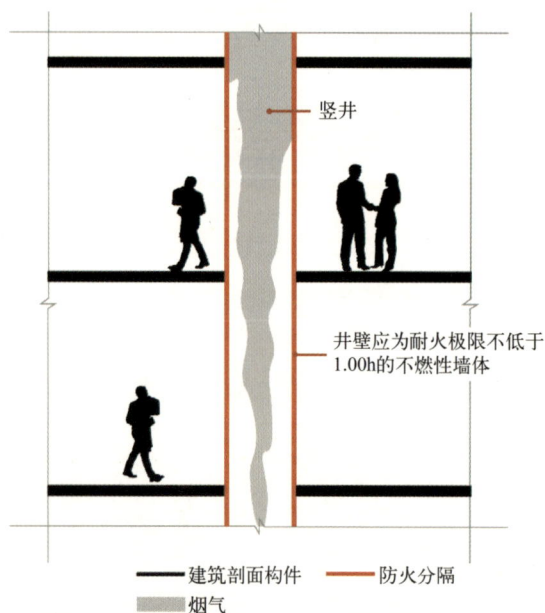

竖井

井壁应为耐火极限不低于
1.00h的不燃性墙体

建筑剖面构件 ── 防火分隔
烟气

图 4.20 竖井的防火分隔

4.2　防止烟气蔓延

4.2.1　防烟分区

4.2.1.1　防烟分区的概念

防烟分区是指在建筑内部采用挡烟设施分隔而成，能在一定时间内防止火灾烟气向同一防火分区的其余部分蔓延的局部空间。设置防烟分区的目的在于，一是将烟气控制在一定范围内，二是为了提高排烟口的排烟效果。

4.2.1.2　防烟分区的最大面积及划分

防烟分区一般应结合建筑内部的功能分区和排烟系统的设计要求进行划分，不设排烟设施的部位（包括地下室）可不划分防烟分区。设置排烟系统的场所或部位应划分防烟分区。防烟分区不宜大于 2000m²，长边不应大于 60m。当室内高度超过 6m，且具有对流条件时，长边不应大于 75m。

设置防烟分区应满足以下要求：①防烟分区应采用挡烟垂壁、隔墙、结构梁等划分，且防烟分区不应跨越防火分区；②每个防烟分区的建筑面积不宜超过规范要求；③采用隔墙等形成封闭的分隔空间时，该空间宜作为一个防烟分区；④储烟仓高度不应小于空间净高的 10%，且不应小于 500mm，同时应保证疏散所需的清晰高度，最小清晰高度应由计算确定；⑤有特殊用途的场所应单独划分防烟分区。

4.2.2　防烟分隔

防烟分隔是为了在发生火灾时，通过一定的物理分隔手段，控制烟气的扩散，从而为人员的安全疏散和消防救援争取时间。防烟分隔通常包括挡烟垂壁、挡烟梁、屋顶挡烟隔板等设施，用于划分防烟分区。

挡烟垂壁是用不燃材料制成，垂直安装在建筑顶棚、横梁或吊顶下，能在火灾时形成一定的蓄烟空间的挡烟分隔设施，如图 4.21 所示。其主要分为固定式和活动式两类。固定式挡烟垂壁是指固定安装的、能满足设定挡烟高度的挡烟垂壁。活动式挡烟垂壁是指可从初始位置自动运行至挡烟工作位置，并满足设定挡烟高度的挡烟垂壁。挡烟垂壁常设置在烟气扩散流动的路线上，位于烟气控制区域的分界处，并与排烟设备配合进行有效的排烟。

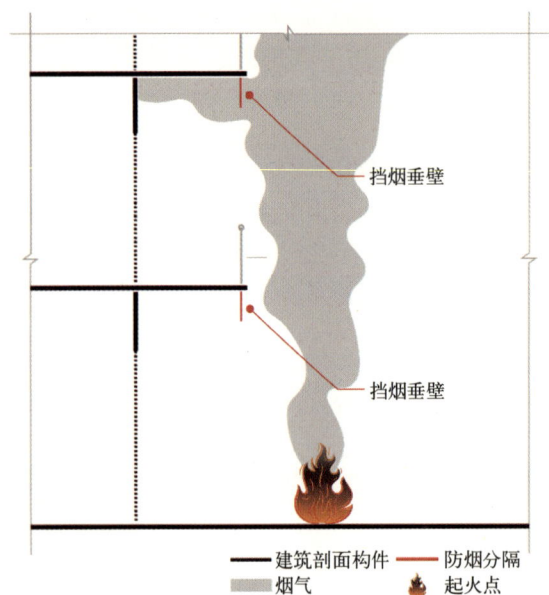

图 4.21　挡烟垂壁

挡烟梁是指利用原有的建筑结构的横梁兼作的防烟分隔，若钢筋混凝土梁或钢梁的高度超过 50cm 时，该横梁可作为挡烟设施使用。

屋顶挡烟隔板是指设在屋顶内，能对烟和热气的横向流动造成障碍的垂直分隔体。

课后思考题

1. 高密度城区中对防火间距不做限制的情况有哪些？

2. 如何使得历史街区建筑满足防火的需求？

第 5 章　人员安全疏散

5.1　基本概念及辨析

5.2　安全疏散的设计原则

5.3　安全疏散设计内容及步骤

5.1 基本概念及辨析

（1）疏散路径

疏散路径是指在紧急情况下，人员从建筑物内部或特定区域安全撤离到安全地点（如室外、避难所或安全区域）的路线。其通常涉及疏散走道、疏散楼梯、安全出口等通道，以及可能的辅助设施（如应急照明、指示标志等）。一条典型的疏散路径包括从房间出发，通过疏散门进入疏散通道，再通过安全出口，最终到达疏散楼梯（间），并从那里撤离到安全区域，如图 5.1 所示。

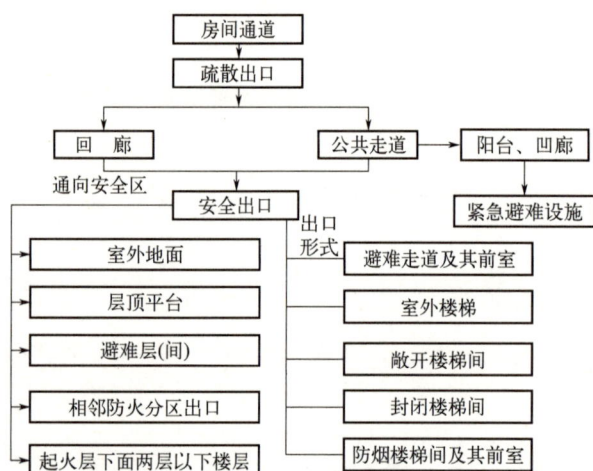

图 5.1　疏散路径图

公共建筑的疏散路径设计应遵循从危险区域到安全区域的逐步过渡原则，将疏散路径分为不同的安全等级，逐步提高疏散效率。因此设计师需首先识别建筑中最危险的区域，即火灾或紧急情况最可能发生的地方，然后通过一系列缓冲区或中间区域，逐步降低风险，直至到达完全安全的环境。并且在疏散路径中设置防火门、防火墙和其他防火分隔措施，以减缓火势蔓延和烟雾扩散，为人员疏散赢得宝贵时间。此外，逐步过渡的设计原则还能够在心理上给予人们安慰，因为它提供了连续的、可见的安全进展，有助于保持人群的平静和合作，从而提高疏散效率。在疏散过程中，切记人流的行进方向不应与火灾烟气流动的方向相逆，尽可能将人员疏散路径与烟气蔓延路径分离开，尽可能使人员的疏散速度大于烟气的蔓延速度，以保障人员在烟气到达之前能够安全撤离。公共建筑的疏散路径如图 5.2 所示。

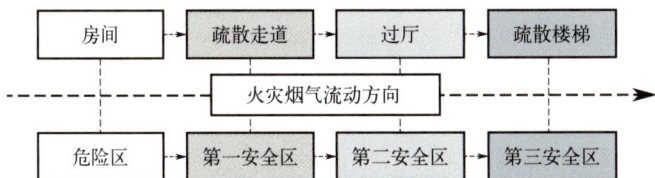

图 5.2　公共建筑的疏散路径

在高层建筑的疏散路径设计中，通常会采用一种分阶段的疏散策略。在火灾初期，人员首先从各自的房间迅速撤离，进入指定的疏散走道。由于高层建筑的垂直疏散距离较长，疏散楼梯可能需要较长时间才能到达地面，因此设计了避难层（安全核）作为临时等待区域。避难层是指具有较高耐火等级和防火保护的楼层（房间），可以为人员提供一个相对安全的临时避难场所。在避难层，人员可以通过消防电梯或防烟楼梯间等垂直交通途径，进一步从避难层转移到其他安全区域，或者等待救援。最终，人员撤离到室外，如广场或空地，这些区域被视为安全区域。高层建筑的疏散路径如图 5.3 所示。

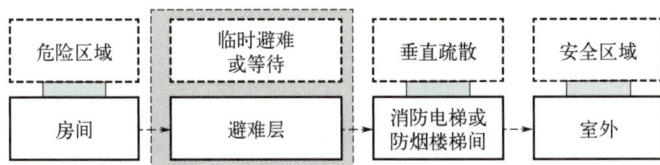

图 5.3　高层建筑的疏散路径

（2）逃生心理

在紧急疏散时，人们的心理与行为往往受到强烈的应激反应影响。首先，人们习惯于冲向自己平时经常使用的出入口和楼梯，然而在逃生过程中如果遇到烟雾或火焰，他们通常会因为恐惧而试图寻找其他退路，如图 5.4 所示。其次，人的本能驱使他们朝着光明和开阔的地方前进，因为人们天生具有朝向明亮处运动的倾向。再次，面对烟火时，疏散人群恐惧心理会加剧慌乱，进而增加盲目跟随他人行动的可能性，如图 5.5 所示。同时，在极端紧急的情况下，人们常常能爆发出平时难以想象的力量与潜能，去完成逃生或帮助他人的行为。这种非常态下的行为表现是心理和生理共同作用的结果。此外，在住宅建筑疏散过程中，居民可能会因为试图抢救个人财物而选择返回住宅。

在不同的情境下，以及对于不同的人群，其反应时间也会有所差异。例如，老年人和儿童可能需要更长的时间来响应紧急情况，而年轻人和成年人可能会更快地做出反应。此外，人员对特定环境的熟悉程度、紧急情况的可见性以及警报系统的效率也会影响反应时间。因此，在进行安全疏散设计时，必须将反应时间纳入考虑范围。

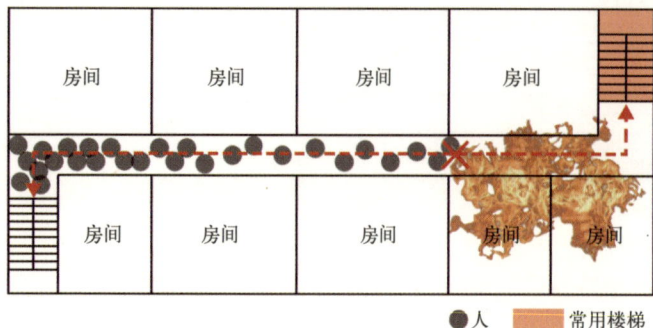

●人　　▬常用楼梯

图 5.4　逃生时的习惯性选择图示

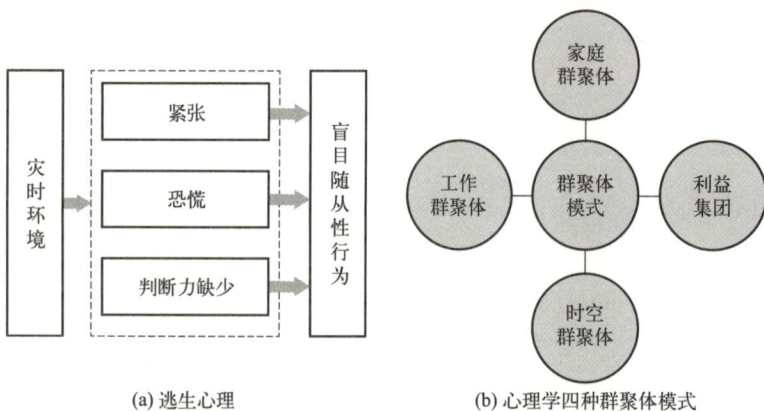

(a) 逃生心理　　　　(b) 心理学四种群聚体模式

图 5.5　疏散人群心理解析

(3) 安全疏散距离

安全疏散距离是指在建筑设计中，为确保人员在紧急情况下（如火灾时）能够安全、迅速地撤离建筑物而设定的距离标准。这些标准通常包括房间内最远点到疏散门的距离、疏散门到最近安全出口的距离等。这些距离的设定既要考虑人员疏散的安全，也要兼顾建筑功能和平面布置的要求，对不同火灾危险性场所和不同耐火等级建筑有所区别。它是衡量建筑物内部从任何一点到最近的安全出口（如门、楼梯、逃生通道等）的最大允许距离的关键指标，对于确保在火灾或其他紧急情况下建筑内人员能够及时安全地撤离至安全区域至关重要。

安全疏散距离的计算为所需安全疏散时间与疏散速度的乘积，如图 5.6 所示。从计算公式中不难看出，安全疏散距离与所需安全疏散时间是密切相关的。安全疏散距离越长，人员到达安全出口所需的时间就越长，反之亦然。因此，在建筑设计中，需要在确保人员安全的前提下，尽可能地控制疏散距离，以减少安全疏散时间。

图 5.6　安全疏散距离的计算

（4）安全疏散时间

安全疏散时间是指从火灾发生到所有人员撤离到安全区域所需的总时间。这个时间包括了探测时间、报警时间、识别时间、反应时间、运动时间（即安全疏散距离所对应的时间）以及安全裕量。根据人群实际疏散能力和疏散设计要求，可以将安全疏散时间细分为可用安全疏散时间和所需安全疏散时间。

可用安全疏散时间（available safe egress time，ASET）是指从紧急情况（如火灾）发生到危险环境（如高温、烟雾、有毒气体）达到威胁人员生命的程度之间的时间。这段时间代表了人们在危险条件变得不可忍受之前，能够安全疏散的最大时间。ASET 主要与火灾特性和建筑物的防火性能有关，它通常通过火灾发展的模拟或实际测试来确定，如图 5.7 所示。

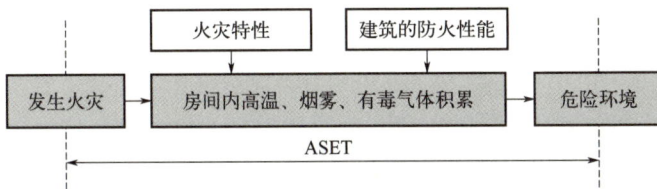

图 5.7　可用安全疏散时间

所需安全疏散时间（required safe egress time，RSET）是指在发生紧急情况下，人员能够安全疏散到安全区域所需要的时间。这个时间通常包括从初期发现火灾或其他紧急情况开始，到人员完全撤离到安全地点所经历的时间，如图 5.8 所示。

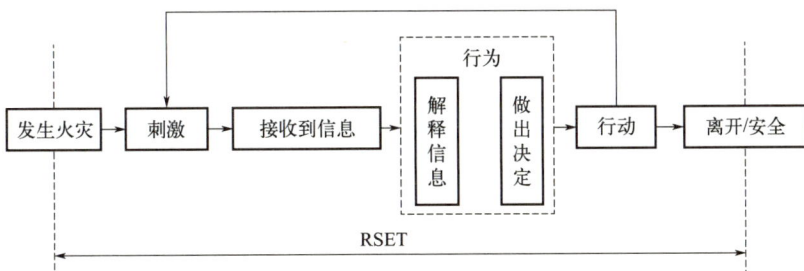

图 5.8　所需安全疏散时间

在实际建筑安全疏散计算时，所需安全疏散时间受到多种因素的影响，包括建筑类型、人员密度、建筑高度以及建筑的火灾风险等。由于不同建筑类型的使用功能各异，内部人员的活动特征和疏散需求也会随之变化。例如，工业建筑与公共建筑在人员疏散的需求上存在显著差异。此外，建筑内人员的密集程度会直接影响到疏散的速度，在人员密集的场所，如影剧院和商场，疏散过程更为复杂，所需的时间也更长。对于高层建筑来说，由于垂直疏散距离较长，疏散通道更为复杂，因此通常需要更多的时间来进行疏散。同时，如果建筑内部存放有大量易燃物品或者火灾蔓延速度快，那么就需要缩短疏散时间，以确保人员安全。

《建筑防火通用规范》（GB 55037—2022）、《剧场建筑设计规范》（JGJ 57—2016）、《体育建筑设计规范》（JGJ 31—2003）等建筑防火规范对不同建筑类型规定了不同的所需安全疏散时间，这些时间是用于计算不同建筑类型的安全疏散距离的疏散时间，如表 5.1 所示。

表 5.1　允许疏散时间

建筑类型		所需安全疏散时间
公共建筑和高层建筑		一、二级：5 ~ 7min
一般民用建筑		一、二级：6min
		三、四级：2 ~ 4min
人员密集的公共建筑	影剧院、礼堂的观众厅	一、二级：4 ~ 6min（出观众厅 2min）
		三级：3min（出观众厅 1.5min）
	体育馆	一、二级：3 ~ 4min
工业厂房		甲类生产：单层 30s，多层 25s
		乙类生产：30 ~ 75s

可用安全疏散时间 ASET 和所需安全疏散时间 RSET 是建筑物火灾安全设计中的两个关键概念，前者是由火灾极限环境所限定的极限时间，后者是由人员逃生能力所限定的极限时间。因此，为了确保人员逃生不受到火灾环境的影响，ASET 必须大于 RSET，即人们在危险条件影响到生命安全之前，必须有足够的时间完成疏散。当计算的 RSET 大于 ASET 时，可以采取一些措施，缩小 REST 或增大 ASET，以保证 REST 小于 ASET，且小于的幅度越大，疏散安全性越高，如图 5.9 所示。

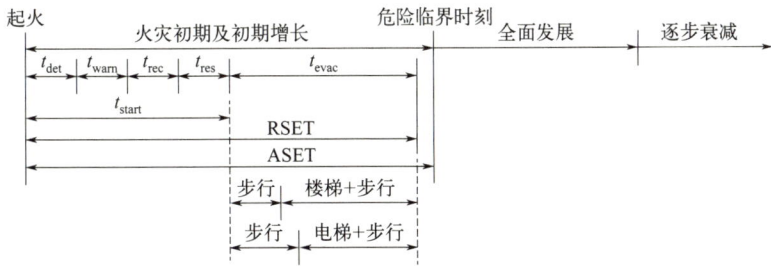

图 5.9 可用安全疏散时间和所需安全疏散时间关系图

图 5.9 中，t_{det} 表示探测时间，即火灾开始到被火灾探测系统（如探测器）发现所需时间；t_{warn} 表示报警延迟时间，即探测后到警报出发所需的延迟时间；t_{rec} 表示识别时间，即人员察觉警报、烟雾、火光或他人反应后，确认这是火灾的时间；t_{res} 表示反应时间，即人员确认火灾后，做出准备动作（如穿衣、叫人、取物）直至开始逃生的时间；t_{start} 表示疏散开始时间，即从火灾发生到人员开始移动疏散为止的总时间；t_{evac} 表示疏散时间，即从人员开始移动到安全地点所需的时间。

（5）疏散速度

疏散速度是指人在疏散通道或区域内移动的快慢程度，具体来说是人在紧急情况下，通过建筑内的走廊、楼梯、出口等通道移动到安全区域的速度。它一般由两个指标进行定义，分别是平均步行速度（m/s）和流动系数（人/m）。平均步行速度是指人员在单位时间内的行进距离，主要用于衡量个体或较小人群在宽敞且无拥挤情况下的移动速度，它直观地反映了人在紧急疏散中的行走速度，适合用来评估疏散时间和个体在较为顺畅环境下的移动效率。流动系数是指人群在单位距离内的通过数量，主要用于评估密集人群的疏散效率，特别是在拥挤场所或狭窄通道，如楼梯和走廊中。前者关注个体速度，后者关注密集人群整体的通过能力，如表 5.2 所示。

表 5.2 疏散速度参考（按疏散人员行动能力分类）

人员特点	群体行动能力			
	平均步行速度 /（m/s）		流动系数 /（人 /m）	
	水平	楼梯	水平	楼梯
仅靠自力难以行动的人：重病人、老人、婴幼儿、弱智者、身体残疾者等	0.8	0.4	1.3	1.1
不熟悉建筑内的通道、出入口等位置的人员：旅馆的客人、商场顾客、通行人员等	1.0	0.5	1.5	1.3
熟悉建筑物内的通道出入口等位置的健康人：建筑物内的工作人员、职员、保卫人员等	1.2	0.6	1.6	1.4

在建筑防火设计中，人群疏散涉及两种不同的疏散策略：单体疏散和群体疏散，它们各自适用于不同的环境和条件。单体疏散是指在疏散过程中，将每个人视为独立的个体，不考虑人与人之间的相互作用和影响。这种方法适用于人员密度较低、个体间相互影响较小的情况。群体疏散则是指在疏散过程中，将人员视为群体的一部分，考虑人与人之间的相互作用和影响。这种方法适用于人员密度较高、个体间相互影响较大的情况，如大型公共建筑、体育场馆等。在群体疏散中，个体的行为受到周围人的影响，可能会形成群体行为，如排队、拥挤等。实际应用中，密集场所通常采用群体疏散计算，因为个体间的互动对疏散过程影响较大；而非密集场所则多采用单体疏散计算，因为个体间的互动较少，对疏散影响较小。这种区分有助于更精确地预测疏散时间和可能遇到的问题，确保疏散计划的有效性和安全性。

从表 5.3 中可以清晰看出一个规律：建筑越危险，其疏散距离的限制就越严格。但是，是不是建筑的每一个空间都会因为建筑的整体性质而被统一标识为同样的危险等级呢？其实在疏散距离上，不同的功能空间的限制要求和严格程度也有所不同，甚至不是同比提升或同比下降。例如，歌舞娱乐放映游艺场所在耐火等级为一、二级时，其普通疏散距离为 25m，已经显得十分严格。那么，是否歌舞厅的所有区域都比其他功能空间要求更严格？严格的比例和程度是否一致？答案并非如此。同样条件下，其他功能类型的袋

表 5.3　直通疏散走道的房间疏散门至最近安全出口的直线距离　　　　单位：m

名称			位于两个安全出口之间的疏散门			位于袋形走道两侧或尽端的疏散门		
			一、二级	三级	四级	一、二级	三级	四级
托儿所、幼儿园、老年人照料设施			25	20	15	20	15	10
歌舞娱乐放映游艺场所			25	20	15	9	—	—
医疗建筑	单、多层		35	30	25	20	15	10
	高层	病房部分	24	—	—	12	—	—
		其他部分	30	—	—	15	—	—
教学建筑	单、多层		35	30	25	22	20	10
	高层		30	—	—	15	—	—
高层旅馆、展览建筑			30	—	—	15	—	—
其他建筑	单、多层		40	35	25	22	20	15
	高层		40	—	—	20	—	—

注：引自《建筑设计防火规范（2018 年版）》（GB 50016—2014）。

形走道疏散距离通常是等比下降，而歌舞娱乐放映游艺场所的袋形走道疏散距离却骤降至 9m，显然反映歌舞娱乐放映游艺场所的袋形走道最危险。同样，高层建筑的疏散距离是否一定比单层和多层建筑更严格呢？也未必如此。高层医疗和教学建筑确实对疏散有更高要求，但某些具有特定功能的单层建筑却可能面临更为严苛的限制。所以疏散距离的设计并非固定模式，而是需要综合考虑使用场景、功能特点、人员密集程度以及火灾风险等多种因素。同时，袋形走道因出口少、疏散路径单一，人员逃生难度更大，其疏散距离显著低于其他区域，通常更为严格。因此，疏散距离的设计核心在于精准识别危险区域，针对具体场景灵活调整，而非简单一概而论。此外，房间内任一点至房间直通疏散走道的疏散门的直线距离，不应大于表 5.3 规定的袋形走道两侧或尽端的疏散门至最近安全出口的直线距离。

（6）安全出口

安全出口是指专门用来保护和引导人员在紧急情况下迅速、安全地离开建筑物的区域，比如封闭的楼梯间和防烟楼梯间等。这些区域能够在火灾等紧急状况下隔绝烟气和火焰，确保人们可以安全地逃向室外或者避难层。所有这些与安全楼梯、疏散楼梯功能等效的区域，我们称之为安全区，也就是安全出口。它不仅仅是安全出口的界面本身，而是包括了出口界面及等效的室内室外空间的整体区域。

常规意义上的疏散口与安全出口是不同的概念。疏散口是建筑物中用于紧急疏散的门，它是一个引导疏散的建筑构件，用于在紧急情况下快速、安全地引导人员离开危险区域。疏散流线上的每扇门都是疏散口，疏散口包含了安全出口，而又不等同于安全出口，只有直达安全区域的疏散口才被称为安全出口。安全出口是通往安全区域的出入口，不仅包括出口界面，还涵盖了出口外的安全区域整体。安全出口的洞口界面需要具备与安全区域等效的耐火性能，以隔绝火焰和烟气，确保人员能够安全撤离。相较之下，疏散口的耐火等级通常依据其所在建筑区域的防火要求，其耐火性能通常不高于安全出口。

（7）疏散楼梯

疏散楼梯是指建筑物内为在紧急情况下（如火灾、地震等）快速、安全地疏散人员而专门设计的楼梯。疏散楼梯通常连接各楼层和安全出口，确保在危急时刻，人员能够安全、有序地撤离至室外或安全区域。疏散楼梯间的类型主要有以下三种，如图 5.10 所示。

① 敞开楼梯间：这是最常见的楼梯类型，三面有墙，一面开敞，没有门或封闭的设施，因此防烟效果较差。这种楼梯通常用于低层建筑与多层建筑，疏散距离较短、人员密度较小的情况下。在火灾发生时，由于直接暴露在空气中，可能存在烟雾蔓延的风险，因此在高层建筑或人员密集场所不适合使用。

② 封闭楼梯间：设有能阻挡烟气的双向弹簧门或乙级防火门的楼梯间，提供一定程度的防烟防火保护。常用于多层建筑（如办公楼、学校、医院等），尤其是在火灾易发场所，这种楼梯间的防火门可以减缓火势和烟雾的蔓延，为疏散争取时间。

③ 防烟楼梯间：具有两道乙级防火门和防烟设施，能在火灾时作为安全疏散通道，是高层建筑中常用的楼梯间形式。防烟楼梯间主要用于高层建筑、地下建筑。在火灾发生时，由于烟气是造成疏散困难的主要因素，防烟楼梯间能够有效保证疏散通道的安全和畅通。

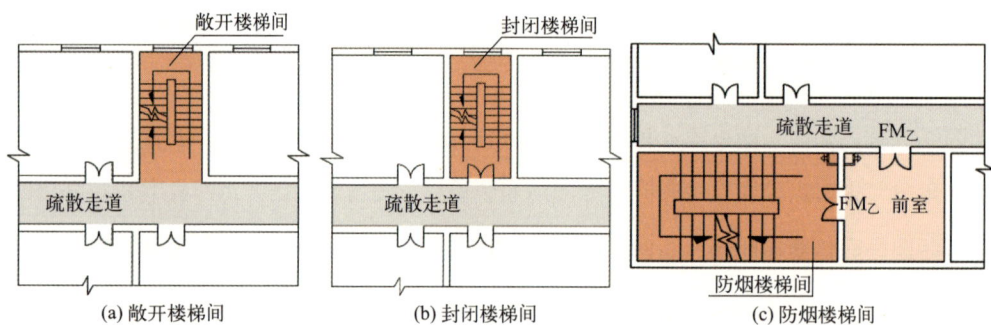

图 5.10　疏散楼梯间的类型

a. 阳台作为敞开前室的防烟楼梯间的情况：带阳台的防烟楼梯间设计是一种提高建筑安全性的有效措施。这种设计在楼梯间入口处设置阳台作为敞开前室，并且确保通向前室和楼梯间的门均为防火门，以防止火灾时的烟气和热气进入楼梯间。使用阳台作为敞开前室时，可以直接对着阳台开门，这样人员必须通过两道防火门和阳台才能进入楼梯间，这样的布局不仅增强了楼梯间的防烟和排烟能力，而且起到了竖向和横向疏散的缓冲作用。侵入阳台的烟气能迅速被吹走，且不受风向的影响，从而提供了一个额外的空间，减缓了烟气的扩散，提高了楼梯间的安全性，如图 5.11（a）所示。

b. 凹廊作为敞开前室的防烟楼梯间的情况：使用凹廊作为敞开前室的防烟楼梯间的设计是一种高效的防火安全策略，它通过在楼梯间入口处设置凹廊作为敞开前室，并配备防火门来防止火灾时的烟气和热气进入楼梯间，如图 5.11（b）所示。这种设计具备出色的防烟性能，使得防烟楼梯间在防烟和防火能力上优于封闭楼梯间，提高了防火的可靠性。凹廊作为前室时，其使用面积需满足相关要求，利用自然风力迅速排除随人流进入的烟气，同时其转折的路线设计使得烟气与火焰难以窜入楼梯间，减少了额外排烟装置的需求。此外，这种设计还增强了楼梯间的防烟和排烟能力，起到了竖向和横向疏散的缓冲作用，从而提高了楼梯间的安全性。在平面布置受限，前室无法靠外墙设置的情况下，还需在前室和楼梯间采用机械加压送风设施，以进一步保障防烟楼梯间的安全，如图 5.12 所示。

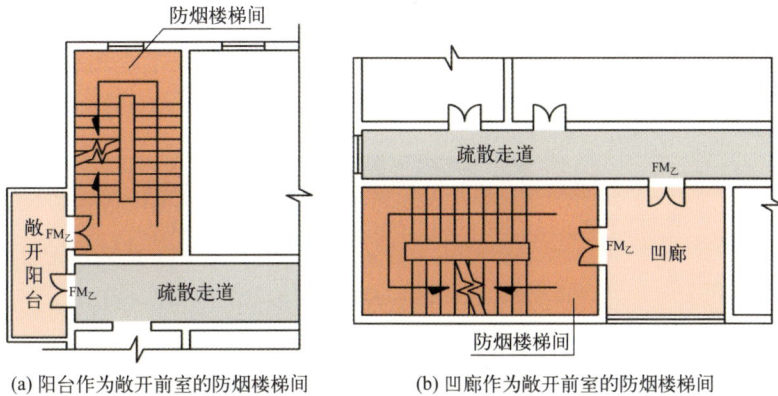

(a) 阳台作为敞开前室的防烟楼梯间   (b) 凹廊作为敞开前室的防烟楼梯间

图 5.11 防烟楼梯间的两种情况

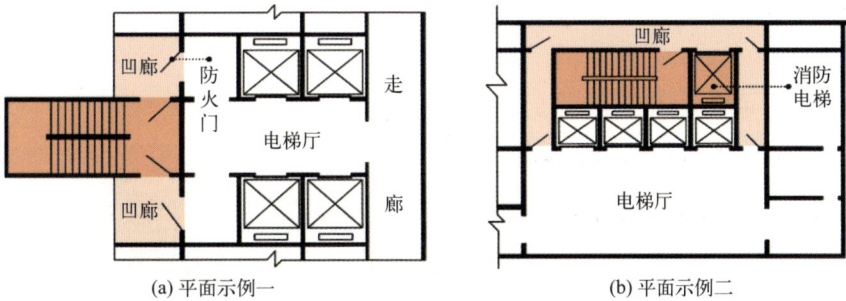

(a) 平面示例一   (b) 平面示例二

图 5.12 用凹廊作为敞开前室的情况

（8）避难层

避难层是建筑高度超过 100m 的高层建筑为消防安全专门设置的供人们疏散避难的楼层，如图 5.13 所示。由于超高层建筑楼层多、人员密度大，尽管已有一些其他的安全措施，还是无法保证人员在短时间内迅速撤出火场。即使防烟楼梯有较高的安全度，但也并非完全安全。加之人员可能出现意外的阻塞等，所以不能完全寄希望于防烟楼梯间在整个火灾过程中的绝对疏散功能。因此，在这些超高层建筑中，在适当的楼层设计出一块临时避难的安全区——避难层。一直以来，避难层的设置有很多争议，避难层最初的设立是基于人员体力极限的考量，为疏散人员提供短暂的休息场所，后随着救援设备和技术的发展，其设置高度也逐渐根据救援水平进行了调整。

图 5.13　避难层

在设计理念上，避难层和避难间有着本质区别，如图 5.14 所示。避难间在日本的早期概念中，并不是作为一个长期停留或者等待救援的场所，而是为那些行动不便或需要休息的人提供一个暂时的空间。这样的设计是基于无障碍需求，确保那些因体力或行动限制而无法迅速疏散的人有一个安全的地方休息，同时避免阻碍其他人继续疏散。避难层则不同，通向避难层的疏散楼梯设计要求人员在到达避难层时，必须先经过避难区，然后再继续上下楼梯，人们在这里可以进行必要的休息和等待救援，是一个真正的安全区域。相比之下，避难间未对楼梯进行同层错位或上下层断开的设计，因此它不被视为一个最终的安全区域，而是作为疏散过程中的一个辅助空间。这种设计有助于提高疏散效率，同时考虑到不同人群的特殊需求。

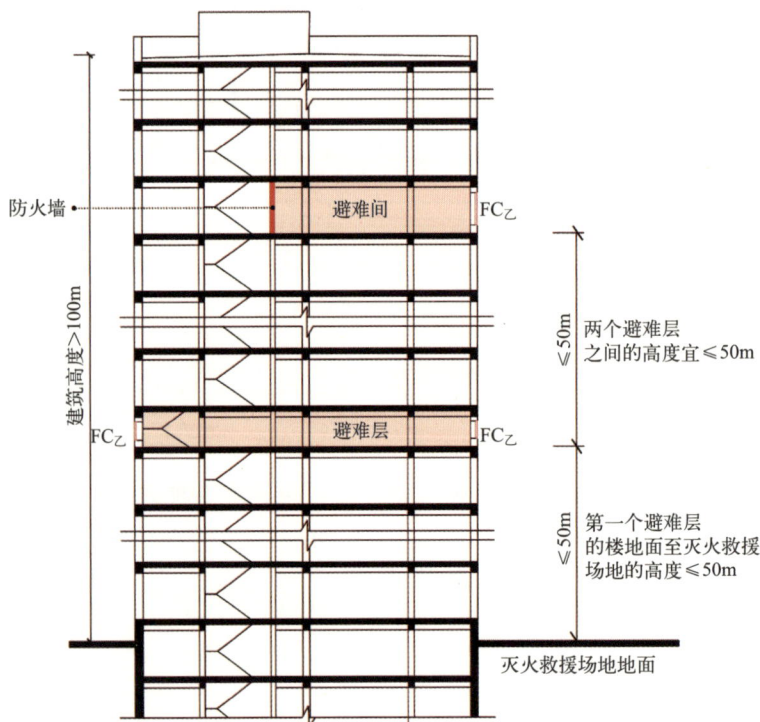

图 5.14　避难层与避难间示意图

避难层的设计注重两个关键点。首先，对避难层与疏散楼梯进行错位设计，以防止人员在疏散中因错过避难层而延误避难，方便疏散人员快速识别。其次，避难层本身被视为"安全区"，其内部必须杜绝火灾风险。为此，避难层内的火灾荷载需严格控制，不允许存放易燃物品，并需配备充足的水源和相应的消防设施以应对突发状况。理论上来讲，消防前室被视为绝对安全的区域，与前室直接连接的避难据点其安全等级与前室保持等效。在实际应用中，出于对空间利用和商业价值的追求，避难层往往不会设计为整层空间，而是可能布置部分设备用房或办公功能区域。这些附加功能区域需根据耐火等级进行合理分隔，与消防前室和避难区域的安全等级保持一致。如果这些附加功能区域低于消防前室和避难区域的安全等级，则需要设置防火分隔，从而确保避难层的整体防护性能不受影响。如图 5.15 所示即为避难层的一则示例。

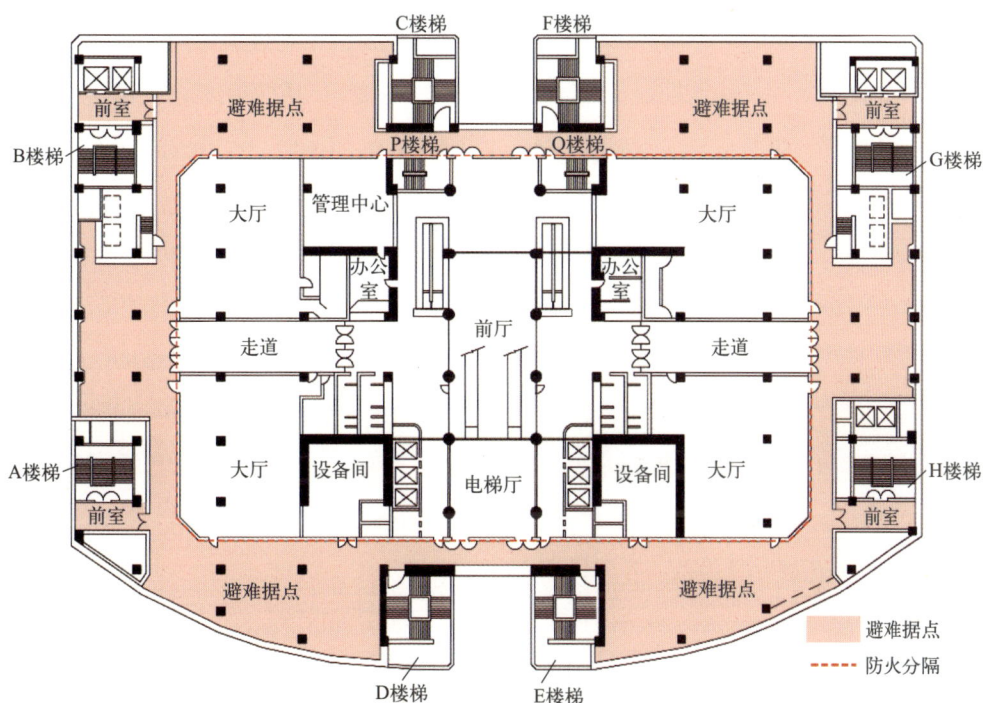

图 5.15　日本某中心大厦避难层平面图

（9）疏散标识

疏散标识是用于指示紧急疏散路线和出口的标识系统。疏散标识在火灾疏散中发挥着非常重要的作用，能够指导人们快速、有序地撤离到安全区域。疏散标识包括疏散指示标志、出口标志、方向箭头等。疏散指示标志通常设置于安全出口和疏散门的正上方，并应采用"安全出口"作为指示标志。同时，沿疏散走道设置的灯光疏散指示标志，应设置在疏散走道及其转角处距地面高度 1.0m 以下的墙面上，且灯光疏散指示标志间距不应大于 20m。对于袋形走道，不应大于 10m；在走道转角区，不应大于 1.0m。为了确保疏散标识在火灾或断电情况下的可见性，所有灯光疏散标志应配备应急电源，保证火灾时连续工作时间不低于 90min。疏散标识的颜色和亮度需满足国家消防规范要求，通常采用绿色为背景色，以提高识别度。

疏散照明灯也是建筑安全中的重要组成部分，其在紧急情况下为人员提供必要的照明和指示，辅助疏散标识发挥作用，以确保人员能够安全、迅速地撤离到安全区域。疏散照明灯具应设置在出口的顶部、墙面的上部或顶棚上；备用照明灯具应设置在墙面的上部或顶棚上。

现行疏散规范中疏散标识的规定以个体疏散行为为依据，与建筑疏散设计要求中的群体疏散行为的计算方式存在矛盾。疏散标识规范中关于标识的设置是基于个体行为，而疏散规范中的疏散宽度却是依据百人宽度指标而确定，它是一个群体的概念，这与实际的疏散行为不相符。如在《应急导向系统　设计原则与要求　第 2 部分：建筑物外》（GB/T 23809.2—2020）中提及的在走道或上下楼梯观察标识的最大偏移角和《图形符号　安全色和安全标志　第 5 部分：安全标志使用原则与要求》（GB/T 2893.5—2020）中提及的标识位置的有效作用区，其判定均是以观察者单体位置为标准，而未考虑群体疏散时人群拥挤对标识识别所产生的负面影响。规范指导下的标识设计仅对个体疏散时的标识识别和路径选择有一定约束，对群体疏散时人员拥堵和灾害信息实时变化情况考虑欠周，导致疏散指示效率低下，如图 5.16 所示。因此，基于以上问题，对疏散标识进行优化设计，将标识系统上的信息内容结合智慧技术实现动态标志信息提醒，能够带来更加精准和高效的疏散引导，如图 5.17 与图 5.18 所示。

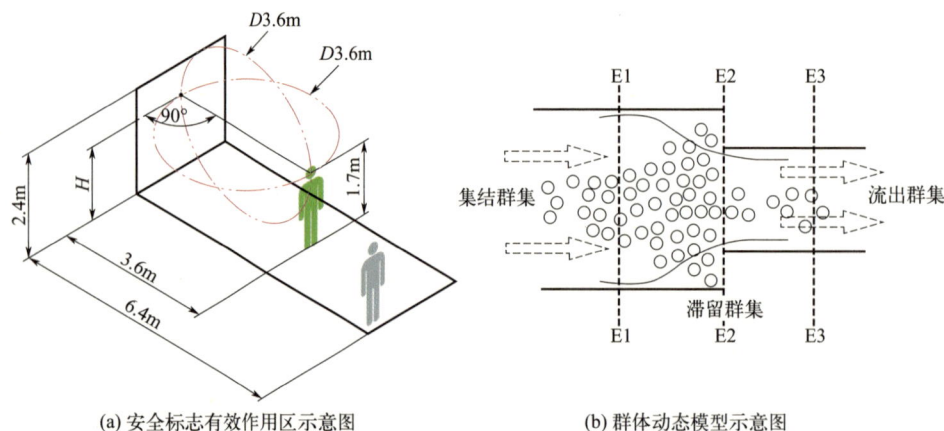

(a) 安全标志有效作用区示意图　　　(b) 群体动态模型示意图

图 5.16　疏散标识与疏散宽度设计规范之间的矛盾

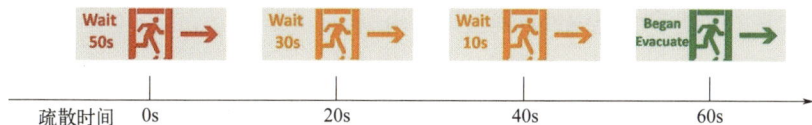
图 5.17 建筑室内动态疏散标识示意图

图 5.18 建筑室外动态疏散标识示意图

5.2 安全疏散的设计原则

5.2.1 疏散路径

合理组织疏散路径，尽量不使疏散路径和扑救路径相交叉，避免相互干扰，疏散楼梯不宜与消防电梯共用一个前室。疏散走道不要布置成不甚畅通的"S"形或"U"形，也不要有变化宽度的平面，走道上方不能有妨碍安全疏散的凸出物，下面不能有突然改变地面标高的踏步。

5.2.2 安全疏散距离

基于不同建筑类型、建筑功能以及特殊人群和建筑的特点，安全疏散距离的控制原则主要体现在以下几个方面。

（1）根据建筑类型与高度控制安全疏散距离

高层建筑由于高度较大，人员疏散时间较长，需设计合理的避难层、避难间，提供分阶段的疏散方式，避免单次疏散至地面。高层建筑的疏散距离应严格控制，确保火灾发生时，人员能在规定时间内进入避难区域。

低层建筑由于疏散出口相对易于设置，疏散距离要求可适度放宽，但仍需保证出口分布均匀、通道畅通。

（2）根据建筑功能控制安全疏散距离

对于人员密集且活动频繁的公共建筑，疏散距离应尽量缩短，确保所有人员在紧急情况下能够快速撤离。大型商业中心通常需要设置多重疏散通道和出口。此外，人员密集场所如会议厅和多功能厅等应遵循低层布置原则，优先布置在建筑的首层、2 层或 3 层。这样的布局便于在紧急情况下快速疏散人群。同时，建筑的耐火等级对人员密集场所的楼层布置提出了具体限制，例如，三级耐火等级的建筑不宜将这些场所设置在 3 层及以上，以降低火灾风险。对于不得不布置在地下或半地下楼层的人员密集场所，设计时应尽量选择地下 1 层，并避免在地下 3 层及以下设置。

（3）根据人群类型控制安全疏散距离

老人、儿童及残障人士的行动能力较弱，安全疏散距离应适当缩短，通道设计须便于他们快速、安全撤离。应优先考虑设置在独立的建筑内，并且避免布置在地下或半地下楼层，以确保这些最脆弱群体的安全。

（4）特殊建筑的疏散距离

① 医院：由于有大量卧床患者和行动不便者，医院的疏散距离应比普通建筑更为严格，设计时应尽量缩短疏散距离，提供足够的避难空间，确保病患能及时得到保护和疏散。
② 学校：学校建筑对疏散的要求较高，尤其是学生密集的教室和活动场所，疏散距离应尽量缩短，并设计合理的疏散通道，确保学生能够在短时间内有序撤离。
③ 歌舞娱乐放映游艺场所、剧场、电影院和礼堂：由于具有特殊使用性质和装修特点，需要实施更严格的防火分隔和疏散措施，并且应尽可能地布置在接近地面的楼层。

总的来说，无论建筑类型或功能如何，所有建筑都应根据实际情况配备相应的防火设施，如喷淋系统、火灾报警系统、应急照明和防烟措施等，以补充疏散距离控制的不足，确保紧急情况下的安全疏散。

5.2.3 安全疏散时间

增大走道宽度是减少人员所需安全疏散时间（RSET）的有效措施，因为它能容纳更多人员同时疏散，减少拥堵和延误，并且根据消防规范，疏散走道的宽度应根据建筑使用性质和人数计算确定，同时考虑到无障碍通行的需求，确保所有人员在紧急情况下都能快速、有序地疏散。

扩大防火分区面积和增加房间的净空高度，可以在火灾发生时起到扩大"蓄烟箱"容积的作用，是增加人员可用疏散时间（ASET）的有效措施。具体来说，防火分区面积的扩大意味着有更多的空间来容纳火灾产生的烟气，而房间净空高度的增加则提供了更多的垂直空间，使得烟气在达到人员可呼吸区域之前有更多的上升空间。这样的设计可以在相同条件下延缓烟气层界面下降到危险高度的时间，因为烟气需要更长的时间才能填充更大的空间，从而降低烟气对人员疏散区域的影响。这种延缓作用直接延长了可用安全疏散时间（ASET），即人们在火灾发展至无法自行安全撤离之前的时间，为人员安全疏散提供了更多的时间窗口。

5.2.4　安全出口

增加安全出口的数量和宽度是提高建筑疏散效率的关键措施。根据建筑设计防火规范，高层民用建筑每个防火分区的安全出口不应少于两个，并且应分散布置以确保在紧急情况下人群能够快速分散，减少拥堵和踩踏的风险。这种做法不仅能够增大疏散总宽度和缩短人群通过出口的时间，缩短疏散距离，减少疏散所需时间，还能提高疏散路线的灵活性，使得在某些出口因火灾受阻时，人们可以迅速选择其他出口进行疏散，从而有效缩短人员疏散时间。

为使疏散路径更为合理，疏散楼梯间的布置应根据火灾事故中疏散人员的心理和行为特征，使疏散路线简捷，并能与人们日常生活的活动路线相结合，使人们通过生活了解疏散路线，并尽可能使建筑物内的每一个房间都能向两个方向疏散，避免出现袋形走道。为此，疏散楼梯的设计应尽可能满足以下要求。

① 在标准层（或防火分区）的端部设置。

② 靠近电梯间设置。

③ 靠近外墙设置；出口保持间距。

④ 设置室外疏散楼梯。

5.2.5　消防设施

（1）火灾探测效率与应急响应速度的控制原则

安装火灾自动报警系统或改善火灾探测系统的探测条件，提高探测响应速度，对于早期发现火灾至关重要。火灾自动报警系统能够在火灾初期，通过感温、感烟、感光等火灾探测器探测到燃烧产生的烟雾、热量和光辐射等物理量，并将这些物理量转换成电信号，传输到火灾报警控制器。这样，系统可以及时、准确地探测被保护对象的初起火灾，并做出报警响应，从而使建筑物中的人员有足够的时间在火灾尚未发展蔓延到危害生命安全的程度时疏散至安全地带。通过这种方式，火灾自动报警系统可以减少火灾应急响应时间，即从火灾发生到消防队接到报警并开始响应的时间。

（2）应急疏散照明与指示的布置原则

增设火灾应急照明灯、疏散指示标志灯及应急广播系统对于确保紧急情况下人员迅速、有序疏散至关重要。这些系统根据消防应急照明和疏散指示系统技术标准，在疏散路径上提供充足照明并明确指示疏散方向，而应急广播系统则可在火灾发生时提供关键指导信息，帮助人们了解当前情况并按指定路线疏散。这些措施的综合运用能显著提高疏散效率，减少疏散时间，有效缩小人员疏散时间，确保人员安全。

（3）机械排烟系统的布置原则

增设机械排烟系统是提升建筑消防安全的关键措施。它通过排烟风机等设备在火灾初期迅速排出烟气，减少对疏散的阻碍。这个系统有助于降低着火区压力，防止烟气扩散，并排出热量，便于人员疏散和火灾扑救。它还能降低室内温度和可燃气体浓度，延缓轰燃发生，延迟烟气层下降到危险高度，以及有害气体达到危险浓度的时间。这些功能共同延长了从火灾发生到人员无法安全逃生的时间，从而提高了人员的生存概率，并为火灾应急响应和疏散争取了更多时间。

（4）自动喷水灭火系统的布置原则

自动喷水灭火系统是一种在火灾早期条件下能够自动启动的消防设施，它通过喷水来降低火源的温度和热释放速率，从而有效控制火势的蔓延。这种系统的关键组件包括洒水喷头、报警阀组、水流报警装置等，它们共同作用以实现火灾的早期发现和快速响应。自动喷水灭火系统能够在火灾发生的初期阶段自动启动，这一点对于延长人员可用安全疏散时间（ASET）至关重要。自动喷水灭火系统通过控制火源热释放速率，减少火灾对建筑结构的破坏，保证人员疏散通道的畅通，从而有效延长 ASET。

5.3 安全疏散设计内容及步骤

安全疏散设计的核心在于为建筑内人员在紧急情况下提供快速、安全的撤离通道。其设计内容包括合理规划疏散路线，合理设置安全出口和疏散门，设计符合规范的疏散楼梯和通道，并配置清晰的疏散指示标志与高效的应急照明系统。首先，我们需要明确建筑的使用功能，分析建筑内人员的分布情况和流量特性，确定适用的规范。其次，计算建筑所需的总疏散宽度，满足单位时间内最大人流通过的要求。同时，确定疏散时间的目标值，并依据功能分区划分疏散路径。接着，规划疏散路线，确保路径短捷、清晰，避免交叉与拥堵。合理分布安全出口，满足最远疏散距离的要求，避免单点疏散的压力过大。根据人员流量计算疏散门的数量和宽度，确保通行顺畅无阻。最后，安装明确的疏散指示标志，确保每个出口、楼梯和通道的方向清晰可见，并配备高效的应急照明系统，以保障低能见度条件下的疏散安全。疏散宽度的计算步骤如图 5.19 所示。

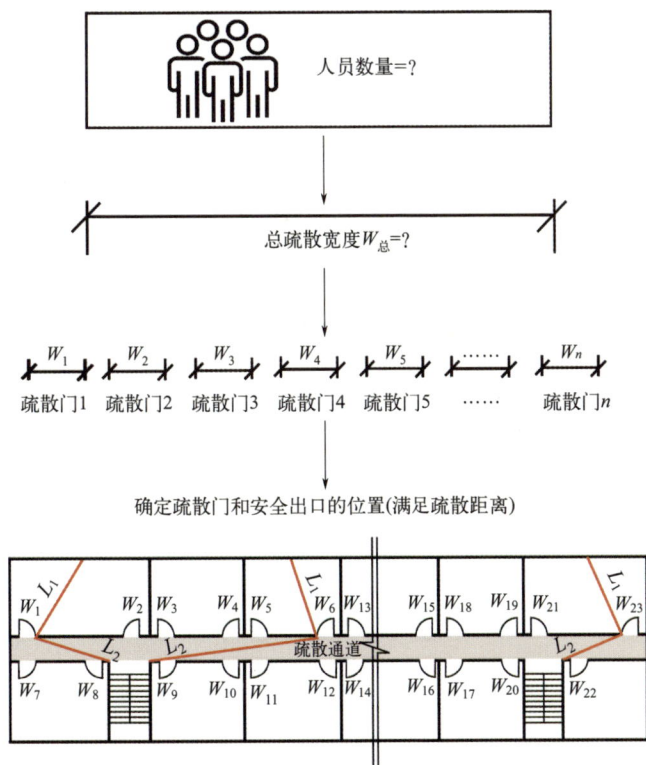

图 5.19　疏散宽度的计算步骤
W_n—疏散门 n 的疏散宽度；L_1—房间内任一点至房间直通疏散走道的疏散门的直线距离；L_2—直通疏散走道的房间疏散门至最近安全出口的直线距离

5.3.1 总疏散宽度的计算

总疏散宽度的计算取决于建筑物的用途、人员密度、疏散人数以及国家或地区的相关防火规范。计算时通常根据预计最大疏散人数来确定通道、楼梯或出口的总宽度，以确保在紧急情况下，所有人员能够在规定时间内安全疏散。一般计算步骤如下。

（1）确定最大疏散人数

首先需要计算出需要疏散的总人数。这通常基于建筑的用途、面积和预期的使用人数。

（2）确定疏散时间

疏散时间是指人员从开始疏散到完全撤离到安全区域所需的时间。这个时间应根据建筑的火灾危险性和耐火等级来确定。

（3）计算每股人流的宽度

通常情况下，每股人流的宽度被假定为 0.55m。这是基于人们在疏散时的典型排队宽度确定的。

（4）计算每分钟每股人流通过数

这是指在 1min 内，一股人流可以通过的人数。这个数值取决于地面的类型（如平坡地面或阶梯地面）和疏散人群的特征。

（5）计算百人宽度指标

百人宽度指标是指每百人在允许疏散时间内，以单股人流形式疏散所需的疏散宽度。这个指标可以根据疏散时间和每分钟每股人流通过数来计算：

$$百人宽度指标 = \frac{N}{A \cdot t} \cdot b$$

式中　N——疏散人数，N=100 人；

t——允许疏散时间，min；

A——单股人流通行能力，平、坡地面为 43 人／min，阶梯地面为 37 人／min；

b——单股人流宽度，b=0.55m。

（6）根据百人宽度指标计算疏散总宽度

根据规范中提供的百人宽度指标，结合疏散人数，可以计算出所需的总疏散宽度：

$$总疏散宽度 = \frac{最大疏散人数 \times 百人宽度指标}{100}$$

（7）分配到各出口、楼梯或通道

将计算出的总疏散宽度合理分配到建筑的各个出口、楼梯或疏散通道中，确保每个疏散路径的宽度符合规范要求，且分布均匀，避免人员集中在某一出口。

（8）其他考虑因素

最小宽度要求：防火规范中通常规定了疏散通道和楼梯的最小宽度，即使疏散人数较少，也必须符合最小宽度要求。

特殊场所的要求：对于某些特殊场所，如剧场、电影院、礼堂和体育馆，规范中可能有特定的疏散宽度要求。这些要求通常基于这些场所的火灾危险性和疏散难度。

特殊人群：对于有老人、残障人士或儿童的建筑，可能需要加大疏散宽度，以确保这些人员的安全疏散。

对于一般公共建筑，房间疏散门、安全出口、疏散走道和疏散楼梯的各自总净宽度，应符合下列规定：
① 每层的房间疏散门、安全出口、疏散走道和疏散楼梯的各自总净宽度，应根据疏散人数按每 100 人的最小疏散净宽度不小于表 5.4、表 5.5 的规定计算确定。
② 当每层疏散人数不等时，疏散楼梯的总净宽度可分层计算，地上建筑内下层楼梯的总净宽度应按该层及以上疏散人数最多一层的人数计算；地下建筑内上层楼梯的总净宽度应按该层及以下疏散人数最多一层的人数计算；地下或半地下人员密集的厅、室和歌舞娱乐放映游艺场所，其房间疏散门、安全出口、疏散走道和疏散楼梯的各自总净宽度，应根据疏散人数按每 100 人不小于 1.00m 计算确定；首层外门的总净宽度应按该建筑疏散人数最多一层的人数计算确定，不供其他楼层人员疏散的外门，可按本层的疏散人数计算确定。

剧场、电影院、礼堂、体育馆等场所的疏散走道、疏散楼梯、疏散门、安全出口的各自总净宽度，应符合下列规定：
① 观众厅内疏散走道的净宽度，应按每百人不小于 0.6m 的净宽度计算，且不应小于 1.0m；边走道的净宽度不宜小于 0.8m。

② 在布置疏散走道时，横走道之间的座位排数不宜超过 20 排；纵走道之间的座位数，剧院、电影院、礼堂等每排不宜超过 22 个，体育馆每排不宜超过 26 个，前后排座椅的排距不小于 0.9m 时，可增加一倍，但不得超过 50 个，仅一侧有纵走道时，座位数应减少一半。

5.3.2　疏散门数量的计算

计算疏散门数量时，需要确定每个楼层或房间的疏散人数，并根据**表 5.4** 和**表 5.5** 确定每层疏散出口、疏散走道和疏散楼梯的每 100 人所需最小疏散净宽度。同时，需要确定每个疏散门的宽度。根据规范，疏散门的最小宽度不得小于 0.90m，而疏散走道和疏散楼梯的净宽度不应小于 1.10m。疏散门的数量则通过将疏散总人数除以每个疏散门的疏散能力进行计算，计算结果需向上取整，以确保所有人员都能在规定时间内安全疏散。此外，即使疏散人数较少，疏散门的数量和宽度也必须满足规范中的最小宽度要求，以保障紧急情况下的疏散效率和安全性。

表 5.4　疏散出口、疏散走道和疏散楼梯的每 100 人所需最小疏散净宽度　　　　单位：m/ 百人

建筑层数或埋深		建筑的耐火等级或类型		
		一、二级	三级、木结构建筑	四级
地上楼层	1 ~ 2 层	0.65	0.75	1.00
	3 层	0.75	1.00	—
	不小于 4 层	1.00	1.25	—
地下楼层	埋深不大于 10m	0.75	—	—
	埋深大于 10m	1.00	—	—
	歌舞娱乐放映游艺场所及其他人员密集的房间	1.00	—	—

表 5.5　剧场、电影院、礼堂等场所的每 100 人所需最小疏散净宽度　　　　单位：m/ 百人

观众厅座位数			≤ 2500 座	≤ 1200 座
耐火等级			一、二级	三级
疏散部位	门和走道	平坡地面	0.65	0.85
		阶梯地面	0.75	1.00
	楼梯		0.75	1.00

5.3.3 疏散门与安全出口的布置

建筑内的安全出口和疏散门应分散布置，以提供多个不同方向的疏散路线，增加疏散的灵活性和安全性。每个防火分区或一个防火分区的每个楼层、每个住宅单元每层相邻两个安全出口以及每个房间相邻两个疏散门最近边缘之间的水平距离不应小于 5m。建筑内的安全出口应布置在不同的方向，确保人员在某一个出口受阻时，能够通过另一个出口疏散。特别是在大面积建筑或高层建筑中，出口应保证分布在不同方位，以分流疏散人流。此外，在大面积建筑内，如商场、办公楼或展览馆，安全出口的设置应避免产生疏散盲区，确保所有区域都能通过合理的疏散路径快速到达安全出口，如图 5.20 所示。

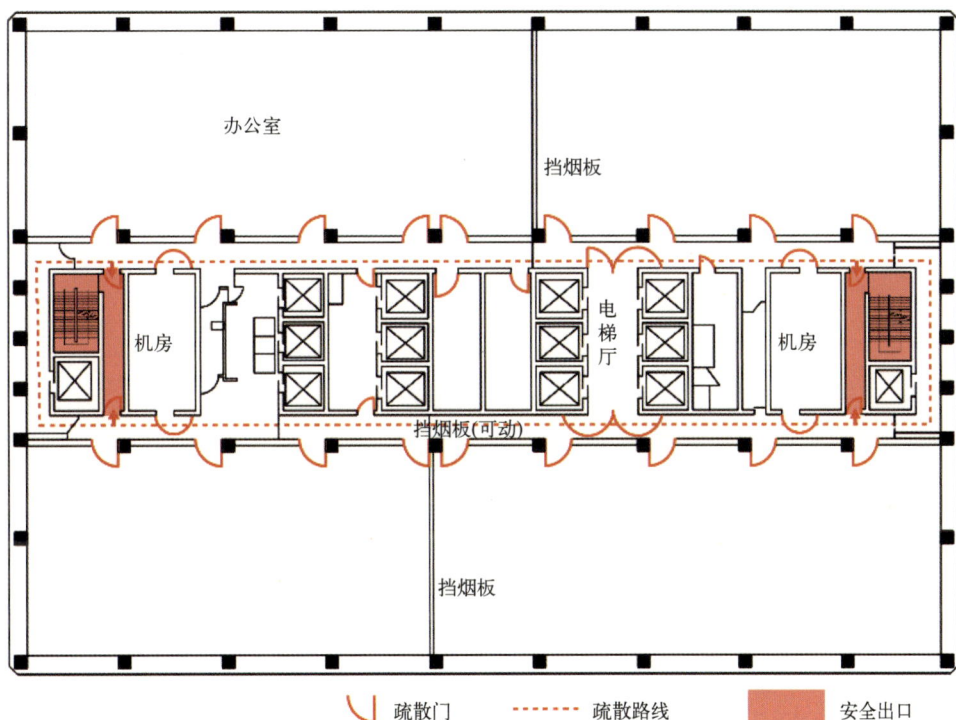

图 5.20　某高层办公楼标准层平面图

在公共建筑中，是否可以仅设置一个疏散门是受到严格条件限制的，这取决于建筑的面积、使用功能、疏散人数，以及楼层高度等因素。虽然大多数公共建筑通常要求设置至少两个或更多的疏散出口，但在某些特殊情况下，可以只设置一个疏散门，如图 5.21 所示。设置一个疏散门时的规律和特点为：人员数量较少、建筑面积较小且功能简单、单层或低层建筑或者低火灾风险场所。

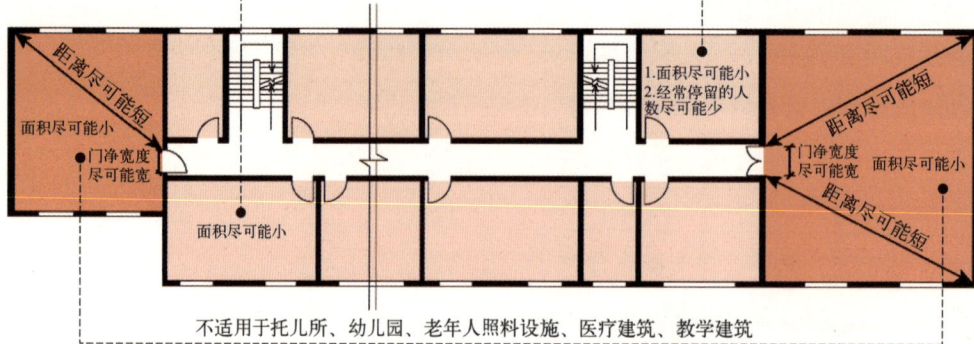

医疗建筑和教学建筑的房间面积需保持适度紧凑；托儿所、幼儿园和老年人照料设施房间面积应尽可能小；其他建筑场所的房间的面积应控制在合理范围内

歌舞娱乐放映游艺场所

距离尽可能短

面积尽可能小

门净宽度
尽可能宽

1.面积尽可能小
2.经常停留的人
数尽可能少

距离尽可能短

门净宽度
尽可能宽

面积尽可能小

距离尽可能短

面积尽可能小

不适用于托儿所、幼儿园、老年人照料设施、医疗建筑、教学建筑

位于两个安全出口之间或袋形走道两侧的房间　　　　位于走道尽端的房间

图 5.21　设置一个疏散门的条件

课后思考题

1. 简述安全疏散设计中，疏散路径的设计原则。

2. 简述安全疏散设计中，总疏散宽度计算的基本步骤。

第 6 章 　　消防救援

6.1　消防救援设施与建筑发展

6.2　消防车道

6.3　消防救援场地

6.4　消防电梯

6.5　救援停机坪

6.6　消防安全实训实例

6.1 消防救援设施与建筑发展

从古至今,消防救援系统的构建及其技术水平对建筑选址、建筑布局及建筑设计均有一定的推动作用。在建筑选址方面,从古代建筑所处位置就能看出其与城市水源有着密切的联系,为在火灾发生时确保消防用水的稳定供应,建筑需选择城市水源附近地块建造。以湖北上津古城和湖南洪江古商城为例(图6.1),古城选址均邻近自然河流,这种布局既满足了日常生活用水需求,更为消防取水提供了便利。古人通过巧妙的水系规划,将水源层层引入建筑组团内部,形成了以水缸、池塘为节点的消防蓄水网络,确保了火灾发生时能够快速取水。在建筑设计与消防救援技术的结合上,古人同样展现出惊人的创造力。唧筒的发明与应用,解决了建筑过高时取水灭火的难题;水囊投掷技术的使用,进一步拓展了扑救范围,如图6.2所示。这些设计不仅实用,更体现了古人在消防救援方面的系统化思维,展现了完整的防火链条,这种系统化的防火智慧为当代城市安全建设提供了重要启示。

图 6.1　建筑选址

图 6.2　古代消防救援设施

如今，在建筑防火设计规范中，建筑高度被"24m、50m、80m、100m"等一系列数值所分类，这些数值的确定与地面消防救援能力以及建筑自身消防救援能力紧密相关。其中相对容易被建筑师所理解的是多层建筑与高层建筑的分界线"24m"，这是火灾情况下外部消防救援能力所能达到的极限高度。与此对应，作为区分Ⅰ类与Ⅱ类高层的分界线，"50m"则是在火灾环境中通过外接水泵补给消防用水的极限高度。当建筑高度超过100m时，消防不利因素急剧增加，导致自此以上的建筑空间将无法依靠外部救援（除非自设直升机坪或连桥），便只有时间非常短的自动喷淋以及增设避难层作为"可能但仍非安全"的消防保障。正因如此，尽管一直以来超高层建筑的结构型式是我国早期超高层设计的核心难点，但为何将高层与超高层的分界线限定在"100m"这样精确的数值上，从结构和材料出发将无法给出明确的答案，其秘密隐藏在我国消防救援水平的历史进程中。

宽泛来讲，建筑高度被消防车的消防给水设备等消防救援能力所定义。依据当时早期消防车接水带供水高度的计算，多层建筑与高层建筑分界点被设定在24m，这是消防车救援高度的极限。而国家标准用50m区Ⅰ类与Ⅱ类高层，一方面是依据消防车"外接水泵接合器供水高度"的共同作用能力而确定，考虑到早年间全国普遍使用的是国产解放牌消防车（图6.3和图6.4），在各项计算指标良好的条件下，解放牌消防车的供水高度可达约50m；另一方面，20世纪80年代我国消防云梯车最大工作高度为30～48m（进口的可达52m），故50m高度范围内尚可通过室外协助救火。当时有少部分城市配备性能更好的消防车，可协助室内管网供水达70～80m，从而可根据外接水泵性能的有所不同来论证这个区间内特殊的高层建筑等级。

图6.3 1965年生产的第一代全国统一定型水罐消防车"CG13型解放牌水罐消防车"（直到20世纪80年代后期被第二代解放牌消防车取代）

图6.4 1974年生产的第一代登高消防车"CQ23型曲臂登高平台消防车"（最大升高23m）

我国超高层建筑的起始点定为100m，成为划分20世纪70年代末期我国设计（超）高层建筑的临界点，其根本原因与给水方式和水泵扬程极限有关。这个时期我国建设了一批100m以下的高层建筑，较为典型的包括上海华亭宾馆（90m）、广州白天鹅宾馆（97.8m）、广州宾馆（86.5m）、北京西苑饭店（91.2m）等，如图6.5～图6.8所示。这些建筑物最为显著的消防设备特征是塔楼被划分为"并联式给水"的两个分区。100m以内的建筑区域，水泵扬程尚可支持采用并联式分区给水系统，各区独立供水，因而可靠程度较高。超出这个高度的区域将无法得到消防云梯车的协助，也将无法获得地下室消防水泵的直接供水，只能通过"串联水泵"二次供水，受机械电力等故障影响的概率大为增加。设备要素影响下的建筑高度对比示意如图6.9所示。因此，100m作为"室内消防水泵的扬程极限值"成为界定高层与超高层的分界值的依据。在"串联供水"的分区里设置消防水箱以满足火灾持续时间内的消防用水要求（一般为3h），灭火水量和水压能达到自救水平的区域，就是所谓的"纯自救区"（图6.10）。早期超高层建筑设计也意识到这个区域的救援难点，经过大量研究和实例证明，必须设置自动喷水灭火系统才能使建筑得以自动扑灭初期火灾。这是"纯自救区"最有效的消防设备系统，被迅速落实到20世纪80年代的超高层设计中。

图6.5　上海华亭宾馆

图6.6　广州白天鹅宾馆

图6.7　广州宾馆

图6.8　北京西苑饭店

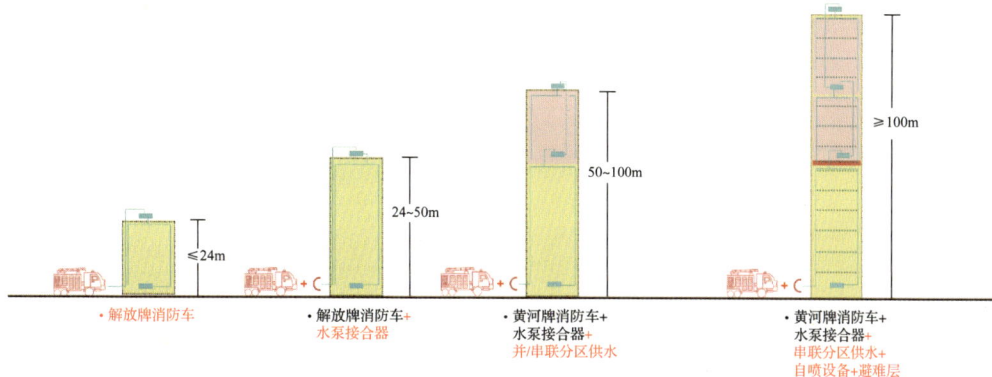

图6.9　设备要素影响下建筑高度对比示意图

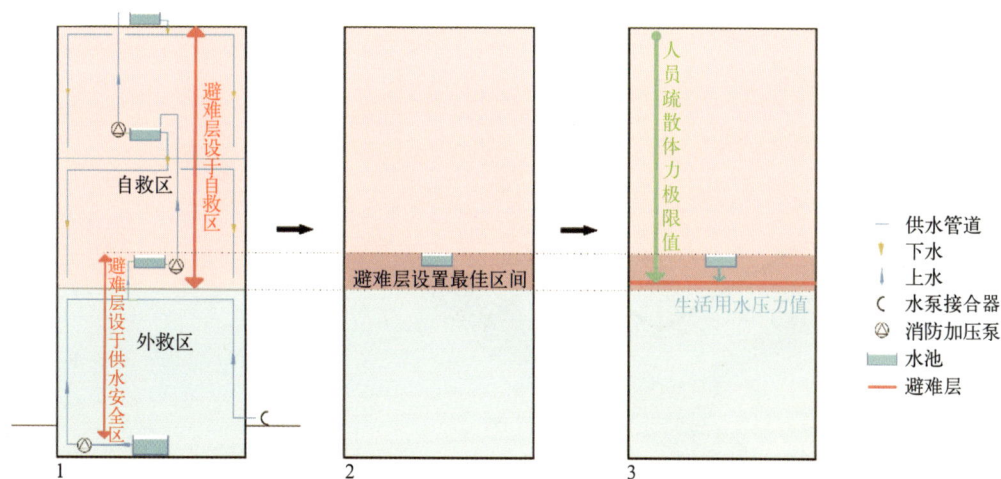

图6.10　避难层的位置受供水系统制约

"24m、50m、80m、100m"的这些建筑高度代表着我国建筑发展初期所能支撑的设备极限，同时也引领着国内公共建筑类型不断挑战自我，摸索设计与消防救援技术最优组合的历史进程，促进了国家对于不同类型公共建筑概念的定义和后续设计规范的制定。"24m、50m、80m、100m"的这些数字从来不是简而概之得来，每一个数据背后都隐藏着反复实验和测算，是设备技术的结晶。对高度的空间需求刺激着消防设备性能的持续升级和先进消防技术的研发引进，正是通过一批批建筑设计实践，证明了设备优化组合与建筑安全性能的强关联性，也同时将我国对超高层建筑的理解提升至前所未有的高度。

6.2　消防车道

消防车道是指在建筑物周围或内部，为消防车提供通行的专用道路。消防车道必须满足一定的规范要求，以确保消防车能够顺利到达火灾现场进行灭火和救援工作。

6.2.1 消防车道的设置方式

消防车道的设置应考虑场地周边建筑、地形、人群的情况，以确保消防车辆能够顺利到达火灾现场进行灭火和救援工作。除受环境地理条件限制只能设置 1 条消防车道的公共建筑外，其他高层公共建筑和占地面积大于 3000m² 的其他单、多层公共建筑应至少沿建筑的两条长边设置消防车道。尽管在规范中未强制规定在建筑周围设置环形车道，但是在实际工程中要尽量将消防车道连成环道，如图 6.11 所示。

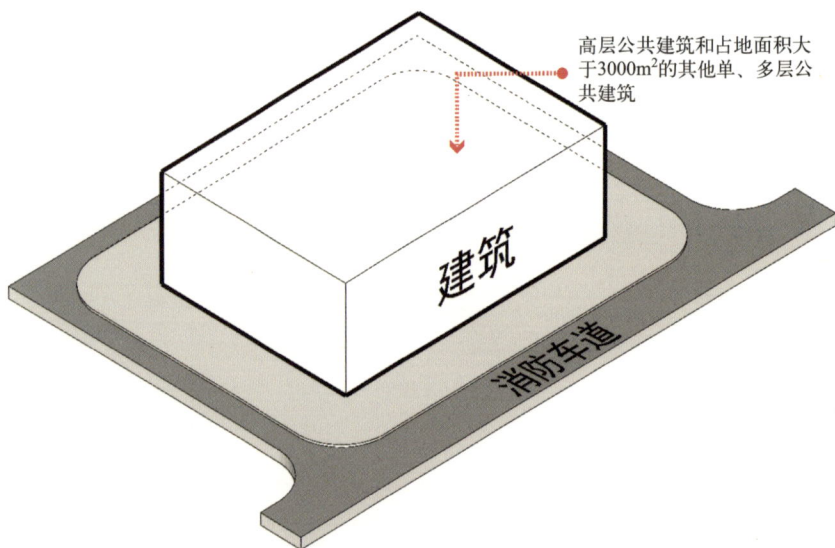

图 6.11　消防车道的设置

6.2.2 消防车道的设计要求

消防车道的设计需要满足净高与净宽、最小转弯半径、回车场大小等方面的要求。消防车道可以利用交通道路进行设置，但在通行的净高度、净宽度、地面承载力、转弯半径等方面应满足消防车通行、转弯与停靠的需求，并保证畅通。消防车道设置需要充分考虑当地消防部队使用的消防车辆的技术参数（外形尺寸、载重、转弯半径等），并结合建筑物的体量大小、建筑物周围的通行条件进行布置。

6.2.2.1 消防车道的净高与净宽

消防车道的净高和净宽是消防车道设计的重要参数，其分别不应小于 4m，以确保消防车能够顺利到达建筑物进行灭火救援。消防车道与建筑之间不应有妨碍消防车操作的树木、架空管线等障碍物。消防车道靠建筑外墙一侧的边缘距离建筑外墙不宜小于 5m，消防车道的坡度不宜大于 10%。消防车道的净高与净宽要求如图 6.12 所示。

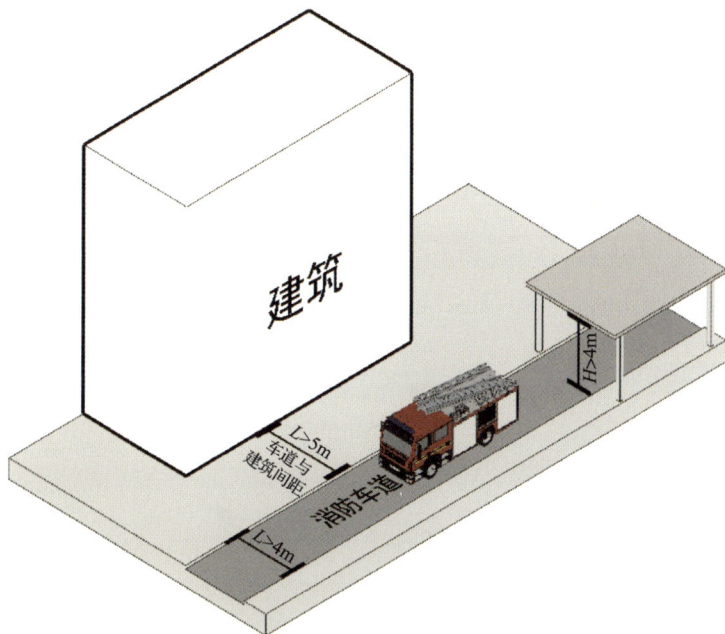

图 6.12　消防车道的净高与净宽

6.2.2.2　消防车道的最小转弯半径

消防车道的最小转弯半径是指能供消防车正常行驶与转弯的弯道内侧道路边缘处半径。而消防车的最小转弯半径是指消防车回转时，当转向盘转到极限位置，机动车以最低稳定车速转向行驶时，外侧转向轮的中心平面在支承平面上滚过的轨迹圆半径。不同类型消防车的最小转弯半径是不同的，普通消防车的最小转弯半径通常为 9m，登高车的转弯半径为 12m，一些特种车辆的转弯半径可能为 16 ～ 20m。因此，应根据当地配备消防车的最小转弯半径来确定消防车道的最小转弯半径，如图 6.13 所示。

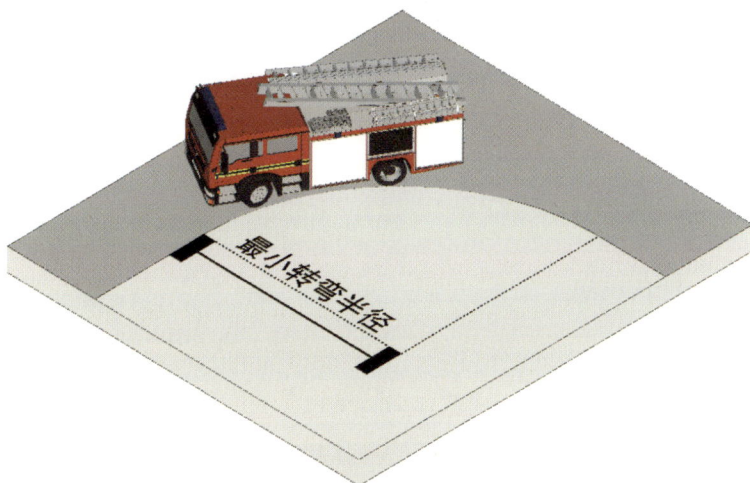

图 6.13　消防车道的最小转弯半径

6.2.2.3　消防车回车场

消防车回车场是设置在消防车道尽头的一个特定区域，它允许消防车在到达车道尽头后能够顺利调头或回转，如图 6.14 所示。这个区域对于确保消防车辆能够快速、安全地退出场景至关重要，特别是在紧急情况下。尽头式消防车道应设置回车道或回车场，回车场的面积不应小于 12m×12m。对于高层建筑，不宜小于 15m×15m。供重型消防车使用时，不宜小于 18m×18m。

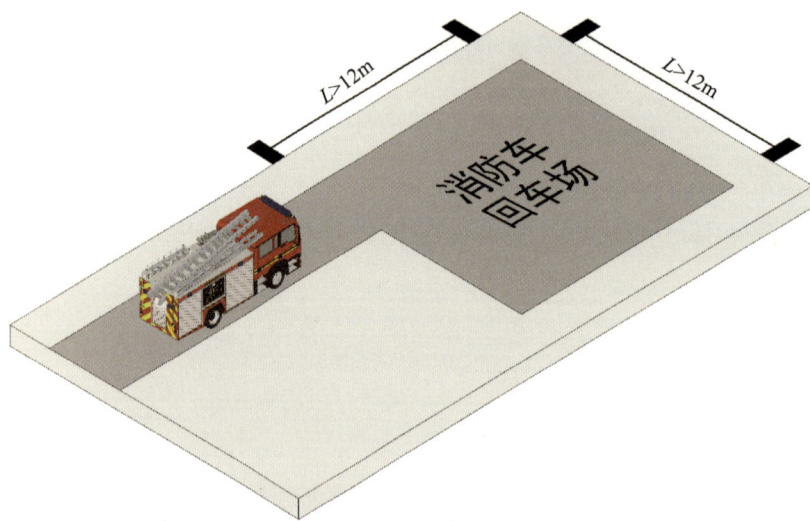

图 6.14　消防车回车场

6.2.2.4　消防车道的间距

街区内的道路应考虑消防车的通行，道路中心线间的距离不宜大于 160m，如图 6.15 所示。当建筑物沿街道部分的长度大于 150m 或总长度大于 220m 时，应设置穿过建筑物的消防车道，如图 6.16 所示。确有困难时，应设置环形消防车道。对于高层民用建筑，超过 3000 个座位的体育馆、超过 2000 个座位的会堂、占地面积大于 3000m² 的商店建筑、展览建筑等单、多层公共建筑，应设置环形消防车道。确有困难时，可沿建筑的两个长边设置消防车道。

6.2.2.5　消防车道的地面荷载

消防车道的地面荷载是指在消防车道上行驶的车辆所施加在地面上的压力。这个压力需要根据消防车道的设计和使用要求来确定，以确保消防车辆在紧急情况下能够顺利通行。在中国，消防车道的最小宽度应为 4m，最大荷载应为 30t。消防车道地面荷载的主要影响因素有消防车辆的类型和重量、消防车道的使用频率、地面材料和结构等。

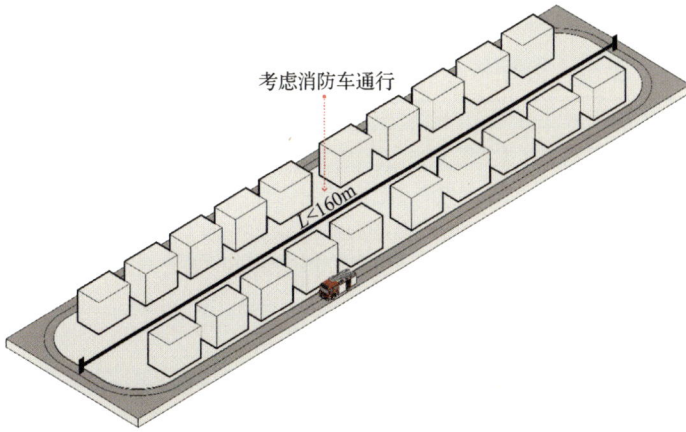

考虑消防车通行

≤160m

图 6.15 消防车道的间距布置

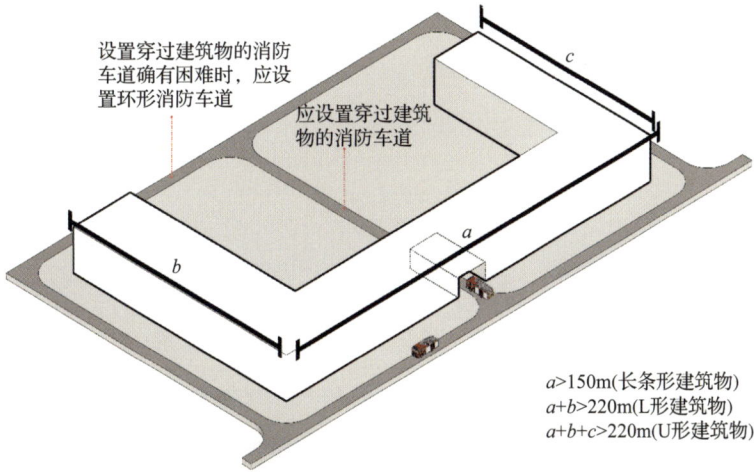

设置穿过建筑物的消防
车道确有困难时，应设
置环形消防车道

应设置穿过建筑
物的消防车道

c

b

a

$a>150m$(长条形建筑物)
$a+b>220m$(L形建筑物)
$a+b+c>220m$(U形建筑物)

图 6.16 穿过建筑物的消防车道布置

6.3 消防救援场地

消防救援场地是火灾发生时供消防车和其他消防设备进行灭火救援操作的专用区域。为
便于登高消防车能够靠近高层主体建筑，需设置消防车登高面供消防车作业和消防人员
进入高层建筑进行人员抢救和火灾扑救。同时在高层建筑的消防车登高面一侧，地面必
须设置消防车道和供消防车停靠作业的消防车登高操作场地。

6.3.1 消防车登高操作场地

消防车登高操作场地是专为消防车进行高层建筑灭火和救援而设置的场地。对于高层建
筑，应至少沿其一条长边设置消防车登高操作场地。消防车登高操作场地应连续布置，
未连续布置的消防车登高操作场地，应保证消防车的救援作业范围能覆盖该建筑的全部

消防扑救面。由于国产32m消防车的支架腿纵向跨距不小于6m，横向跨距不小于5.7m，因此，消防车登高操作场地的最小长、宽不应小于15m和8m，如图 6.17 所示。

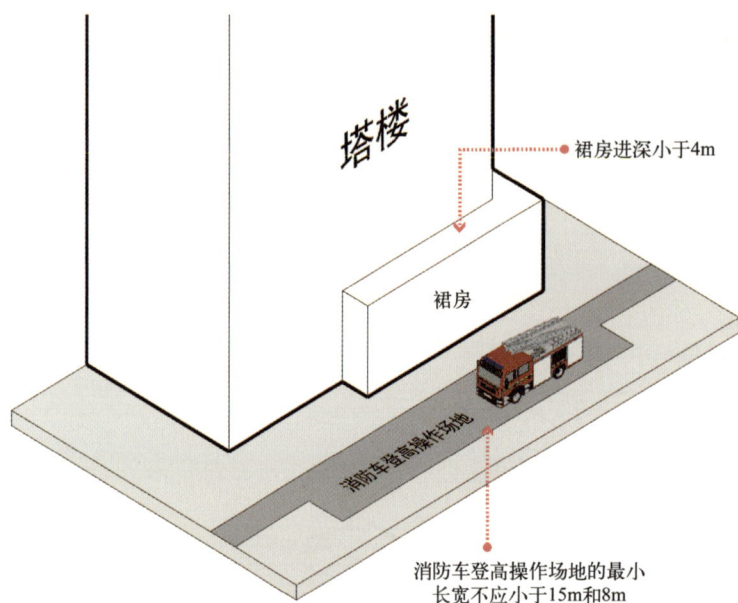

图 6.17　消防车登高操作场地的设置

消防车登高操作场地应符合下列规定：场地与建筑之间不应有进深大于 4m 的裙房及其他妨碍消防车操作的障碍物或影响消防车作业的架空高压电线。场地及其下面的建筑结构、管道、管沟等应满足承受消防车满载时压力的要求。场地的坡度应满足消防车安全停靠和消防救援作业的要求。场地应与消防车道连通，场地靠建筑外墙一侧的边缘距离建筑外墙不宜小于 5m，且不应大于 10m，场地的坡度不宜大于 3%。

6.3.2　消防车登高面

消防车登高面是便于登高消防车靠近高层主体建筑，开展消防车登高作业和消防队员进入高层建筑内部抢救被困人员、扑救火灾的建筑立面，如图 6.18 所示。在建筑设计时应合理确定消防车登高面，并在建筑的外墙上设置便于消防救援人员出入的消防救援口。沿外墙的每个防火分区在对应消防救援操作面范围内设置的消防救援口不应少于 2 个。无外窗的建筑应每层设置消防救援口，有外窗的建筑应自第三层起每层设置消防救援口。消防救援口的净高度和净宽度均不应小于 1.0m，当利用门时，净宽度不应小于 0.8m。消防救援口应易于从室内和室外打开或破拆，采用玻璃窗时，应选用安全玻璃。消防救援口应设置可在室内和室外识别的永久性明显标志。供消防救援人员进入的窗口的净高度和净宽度均不应小于 1.0m，下沿距室内地面不宜大于 1.2m，间距不宜大于 20m 且每个防火分区不应少于 2 个，设置位置应与消防车登高操作场地相对应。窗口的玻璃应易于破碎，并应设置可在室外易于识别的明显标志。

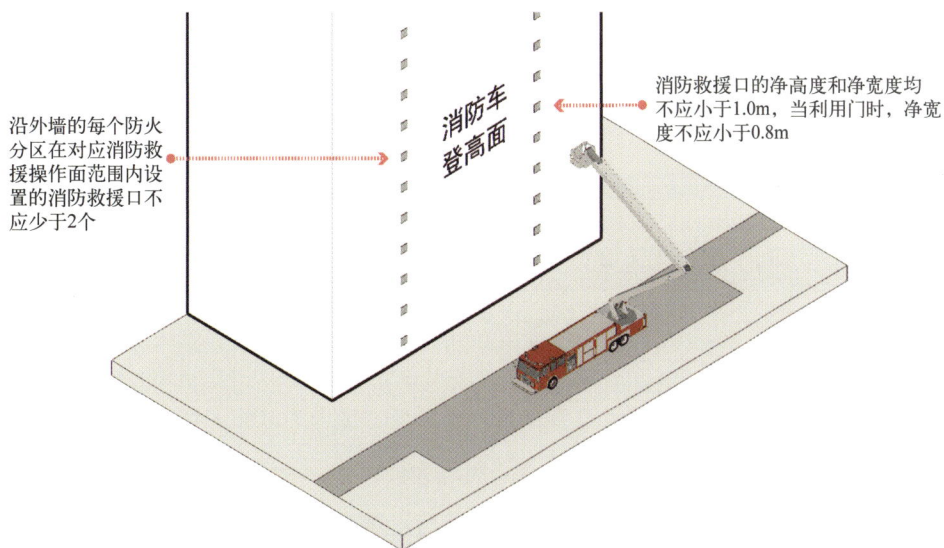

沿外墙的每个防火分区在对应消防救援操作面范围内设置的消防救援口不应少于2个

消防车登高面

消防救援口的净高度和净宽度均不应小于1.0m，当利用门时，净宽度不应小于0.8m

图 6.18　消防车登高面

6.4　消防电梯

消防电梯是在建筑物发生火灾时供消防人员进行灭火与救援使用的专用电梯，它具有较高的防火要求和特定的功能。消防电梯的设计和设置是为了保障消防救援人员能够快速、安全地到达火灾现场，提高灭火和救援的效率。在建筑中符合消防电梯的要求的客梯或工作电梯，也可以兼作消防电梯。高层建筑和埋深较大的地下建筑都应设置供消防员专用的消防电梯，相关设置要求如表 6.1 所示。

表 6.1　消防电梯相关设置要求

建筑类型	设置条件
公共建筑	1. 一类高层； 2. 建筑高度 >32m 的二类高层； 3. 建筑层数 >5 层且总建筑面积 >3000m^2（包括设置在其他建筑内 5 层及以上楼层）的老年人照料设施
地下或半地下建筑（室）	1. 地上部分设置消防电梯的建筑； 2. 埋深 >10m 且总建筑面积 >3000m^2

消防电梯应分别设置在不同防火分区内，且每个防火分区不应少于 1 台，且应能每层停靠，其从首层至顶层的运行时间不宜大于 60s。消防电梯的载重量不应小于 800kg，电梯轿厢的内部装修应采用不燃材料，同时电梯的动力与控制电缆、电线、控制面板应采取防水措施。在首层的消防电梯入口处应设置供消防队员专用的操作按钮，电梯轿厢内部也应设置专用消防对讲电话。

6.5 救援停机坪

救援停机坪的建设和使用带来了多方面的好处，不仅提高了消防人员的救援效率，还提升了受困人员的生还率。1973 年 7 月 23 日，哥伦比亚波哥大市 36 层的航空楼发生火灾。当局出动 5 架直升机，经过 10 多个小时的抢救，从屋顶救出 250 人。1981 年智利桑塔玛利埃大楼发生火灾后，直升机悬停于屋顶，运送 300 多名消防员投入火场，使火势很快得到控制。位于巴西圣保罗市的焦玛大楼，1974 年发生火灾时，因屋顶未设置直升机停机坪，而且火势迅猛，直升机无法靠近屋顶，致使在屋顶避难的 90 人死于高温浓烟之中，由此看出救援停机坪的建设和使用对于应对各种紧急情况有着重要的作用。

救援停机坪是高层建筑中用于直升机进行救援任务的重要设施，它能够在紧急情况下为救援行动提供快速、高效的支持。救援停机坪应配备相应的助航设备、航管通信设备、气象设施、消防救援设备、机场标志标识等，以符合直升机安全起降要求。对于建筑高度大于 250m 的工业与民用建筑，应在屋顶设置直升机停机坪。同时，屋顶直升机停机坪的设置要尽量结合城市消防站建设和规划布局。当设置屋顶直升机停机坪确有困难时，可设置能保证直升机安全悬停与救援的设施。

救援停机坪的尺寸和面积应满足直升机安全起降和救助的要求，并应符合相关规定。停机坪一般设置在屋顶平台上，周边具有设备机房、电梯机房、水箱间、共用天线等突出物，停机坪与屋面上突出物的最小水平距离不应小于 5m。建筑通向停机坪的出口不应少于 2 个，出口的最小净宽不应小于 0.8m。停机坪四周应设置航空障碍灯、应急照明装置、消火栓等。供直升机救助使用的设施应避免火灾或高温烟气的直接作用，其结构承载力、设备与结构的连接应满足设计允许的人数停留和该地区最大风速作用的要求。救援停机坪的设置如图 6.19 所示。

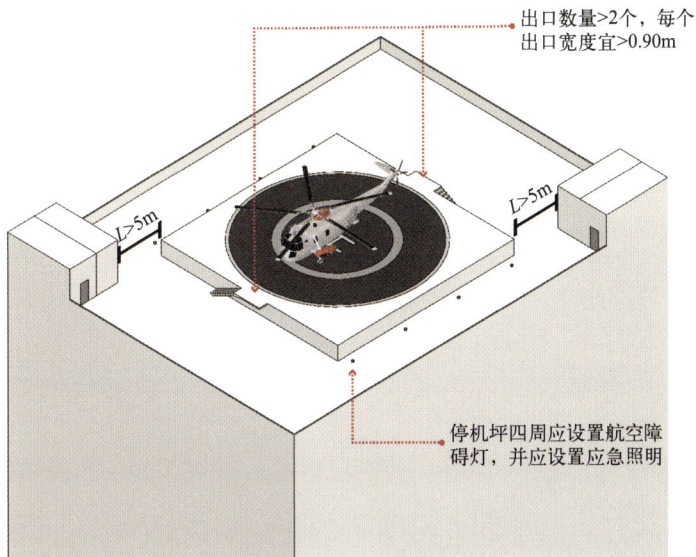

出口数量>2个，每个
出口宽度宜>0.90m

L>5m   L>5m

停机坪四周应设置航空障
碍灯，并应设置应急照明

图 6.19　救援停机坪的设置

6.6　消防安全实训实例

消防安全实训有助于提升参与者对于火灾危害的认识，普及消防安全知识，并强化消防自救意识，从而助力深入理解建筑设计中消防安全与防灾的深层原理。通过消防员的专业讲解与训练，结合实际操作体验，可进一步深化对建筑消防安全知识的理解。消防安全教育与实践操作相结合，使人们能够熟练掌握火灾发生时的应急逃生程序，从而在真正面对火灾时迅速做出正确反应，提高逃生概率。同时，熟悉消防设施的使用方法，能够在紧急情况下有效利用现有设施，降低火灾对人身安全的威胁。本节将通过一次实训案例展开讲解。

（1）火灾应对流程

遵循正确的火灾应对流程十分重要，因为火灾是一种极其危险并可能迅速失控的灾害，对人员生命安全、财产安全和环境安全都会造成巨大威胁。正确的火灾应对流程能够最大限度地减少火灾带来的危害，保障人员安全，降低财产损失，并为火灾扑救创造有利条件。当火灾发生或被察觉时，首要任务是立即报警，并迅速与单位的消防控制中心取得联系，准确地通报火灾的具体情况，包括起火位置、火势大小、有无人员被困等关键信息。现代消防控制中心通常配备了一键报警系统，这一系统能够在极短时间内全面、精准地报告火灾信息，同时自动通知最近的义务消防队，确保救援力量能够第一时间赶赴现场。此外，该系统还会同步启动消防广播系统，指导现场人员安全、有序地撤离。消防讲解员还强调了根据火势情况采取适当灭火措施的重要性。如果火势较小且可控，现场人员应迅速使用合适的灭火器材，如灭火器、消防水枪等，尝试扑灭火源，将火灾消灭在萌芽状态。但如果火势猛烈、难以控制，那么保障自身安全就成为首要任务，应毫不犹豫地立即撤离至最近的安全出口，远离火灾现场，切勿贪恋财物，以免陷入危险境地。

可邀请消防员为同学们现场讲解火灾应对流程，如图 6.20 所示。

图 6.20　消防员为同学们讲解火灾应对流程

（2）消防安全缓降器的教学体验

消防安全缓降器是一种专门用于高层建筑火灾逃生的装置，它能够让人员借助绳索从高层室外缓慢而平稳地下降到地面，为火灾被困人员提供了一条重要的生命通道。使用消防安全缓降器的步骤如下。

① 安装安全钩。将缓降器的安全钩牢固地挂在预先安装好的固定点上，如阳台栏杆、暖气管、自来水管或其他坚固的建筑结构。确保固定点牢固可靠，避免因松动导致意外。

② 抛出绳索并穿戴安全带。将绳索盘平稳地抛向楼外地面，确保绳索完全展开且无缠绕。随后，将安全带从头部套下，固定于腋下位置，拉紧安全带扣环，确保安全带贴合身体且松紧适中，切勿套在腰部以下。

③ 准备下降。面向墙壁，坐在窗台边缘，双手抓住安全带或绳索，身体缓慢移出窗外。保持冷静，确保身体姿势稳定。

④ 开始下降。松开双手，让身体自然下降。下降过程中，双手可轻扶墙面保持平衡，避免接触尖锐物品或火源。务必保持匀速下降，避免过快或过慢。

⑤ 着地与撤离。着地后，立即松开安全带扣环，迅速离开危险区域，前往安全地点。

如图 6.21 所示，在消防安全缓降器的教学体验中，同学们掌握了使用该装置的注意事项，包括固定挂钩的牢固性、安全带的正确佩戴方式以及下降过程中的姿势调整等关键要点，亲身感受了从高空缓缓下降的过程，切身体会到了消防安全缓降系统在紧急逃生中的重要作用。

图 6.21　体验消防安全缓降器

（3）灭火器的教学体验

灭火器是一种轻便灵活的灭火设备，能够在内部压力的作用下，将所充装的灭火剂喷出，有效扑灭初期火灾。它广泛应用于各种公共场所，是应对突发火灾的重要工具。灭火器的常见种类包括水基型灭火器、干粉灭火器和二氧化碳灭火器等。不同类型的灭火器适用于不同场景，但它们的操作方法基本一致。使用灭火器时，需遵循以下步骤：一提，提起灭火器；二拔，拔掉保险销；三握，握住喷管，将喷嘴对准火源底部；四喷，按下压把，左右扫射，从近到远灭火。

如图 6.22 所示，在教学体验活动中，同学们被分成多个小组，轮流上手操作灭火器。通过亲身实践，他们不仅掌握了灭火器的正确使用技巧，还进一步提升了对初期火灾的应急处理能力。

图 6.22　体验灭火器

（4）消防水枪的教学体验

消防水枪是一种手持式喷射灭火装置，能够通过调节水流的形状和流量，将水精准地喷射到火灾现场，用于灭火、冷却和防护。它通常与消防水带和水源配合使用，是消防员在灭火救援中最得力的工具之一。消防水枪具有极高的灵活性，可根据火场的具体情况，调整为集中式的水流或扩散式的水流。集中式水流射程远、冲击力强，适用于精准打击火源核心；扩散式水流则覆盖面广，能有效抵挡火舌的蔓延，为灭火和人员疏散提供安全保障。这种多功能性使得消防水枪在各种复杂火场环境中都能发挥关键作用。使用消防水枪有以下要点。

① 双手握持水枪，右手控制喷嘴以调整水流方向和喷射模式，左手稳定把手，防止因反作用力脱手。

② 根据火灾类型选择合适的水流模式，如固体火灾用直流水流，油类火灾用喷雾水流，并瞄准火源根部喷射，同时不断调整方向以阻止火势蔓延。

③ 需保持身体平衡，抵消反作用力，移动时先关闭阀门并注意周围环境，避免水带损坏。

如图 6.23 所示，在教学体验活动中，同学们被分成多个小组，轮流上手操作消防水枪，在掌握了消防水枪使用要点的同时，也感受到消防水枪在灭火救援中的重要作用，也更加深刻地体会到消防员在火场中所面临的挑战。

图 6.23　体验消防水枪

结合理论讲解与实践演练，实训活动使参与者充分认识到火灾的危害性，明确消防知识的重要性，并熟练掌握了基本灭火技能和应急处置方法。此外，消防安全教育活动（图 6.24）与建筑学专业知识紧密结合，有助于深化对建筑防火设计规范的理解与应用，促进在建筑设计中更好地融入消防安全理念，从而提升建筑防火设计能力。

图 6.24　参与消防安全教育的成员合照

课后思考题

1. 根据本章节所讲述的知识，对设计课中项目的图纸进行修改，以满足规范的要求。

2. 为什么消防车道离建筑需有一定的距离？

第 7 章　公共建筑火灾危险性调研与评估

7.1　科研办公楼火灾危险性调研与评估

7.2　图书馆火灾危险性调研与评估

7.3　学生宿舍火灾危险性调研与评估

7.4　地下车库火灾危险性调研与评估

图表来源致谢如下：

图 7.1 ～ 图 7.10，　　　学生姓名：王楚锐、程子隽、简筱岚、肖荣彬；

图 7.11～ 图 7.24，　　　学生姓名：殷嘉悦、刘　涛、王荣敏、张　翔、何子熙；

图 7.25～ 图 7.36，　　　学生姓名：杜乐诗、雷心悦、尚宇恩、詹依莉；

图 7.37～ 图 7.43，　　　学生姓名：王艺霖。

7.1 科研办公楼火灾危险性调研与评估

科研办公楼因其建筑规模大、功能复杂、人员密集等特点，火灾危险性不容忽视。深圳大学科技楼作为学校重要的科研教学场所，是深圳大学校园的标志性建筑，如图7.1所示。该楼总建筑面积41365m²，建筑高度95m，共17层，采用"日"字形平面布局，其中心的核心筒是交通和公共活动的核心区域，四周则环绕着科研和教学用房。楼内功能分区多样，涵盖实验室、办公室、会议室、资料室等，因此楼内日常人流量较大。其中，实验室配备大量精密仪器和化学试剂，进一步增加了火灾风险。因此，对深圳大学科技楼进行火灾危险性调研与评估具有重要的现实意义。

图 7.1　深圳大学科技楼

7.1.1　建筑消防设备

7.1.1.1　自动喷淋

科技楼自动喷淋设施完善，根据各层具体位置的有无吊顶情况分为上喷淋和下喷淋，有吊顶位置为下喷区域，无吊顶位置为上喷区域，如图7.2所示。

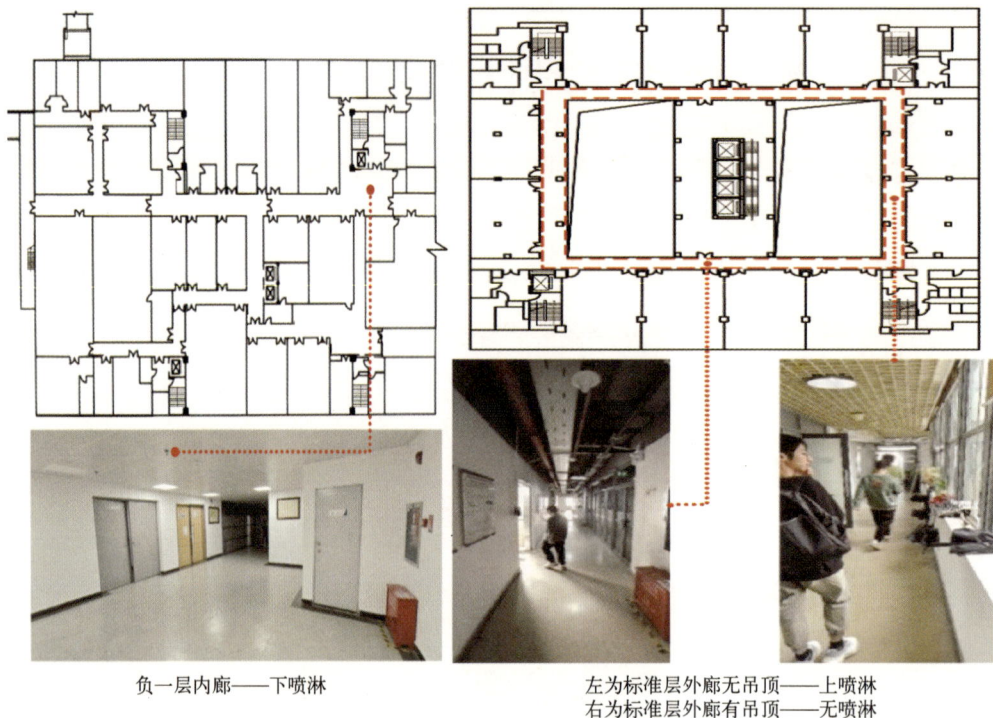

负一层内廊——下喷淋　　　　　　　　左为标准层外廊无吊顶——上喷淋
右为标准层外廊有吊顶——无喷淋

图 7.2　深圳大学科技楼消防喷淋分布

7.1.1.2　消火栓

科技楼首层消火栓有 10 个；负 1 层因火灾危险性等级提高，配备了 15 个消火栓；对于标准层，2～6 层消火栓为 6 个，以建筑高度 24m 为分界线，7 层及以上在中心电梯厅区域需增加消火栓，在科技楼的 7 层以上布置了 8 个消火栓。各层消火栓分布分别如图 7.3～图 7.5 所示。

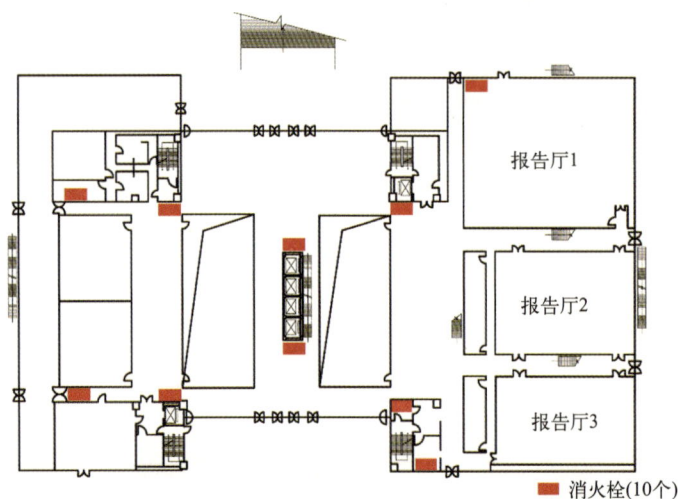

报告厅1
报告厅2
报告厅3
■ 消火栓(10个)

图 7.3　深圳大学科技楼首层消火栓分布

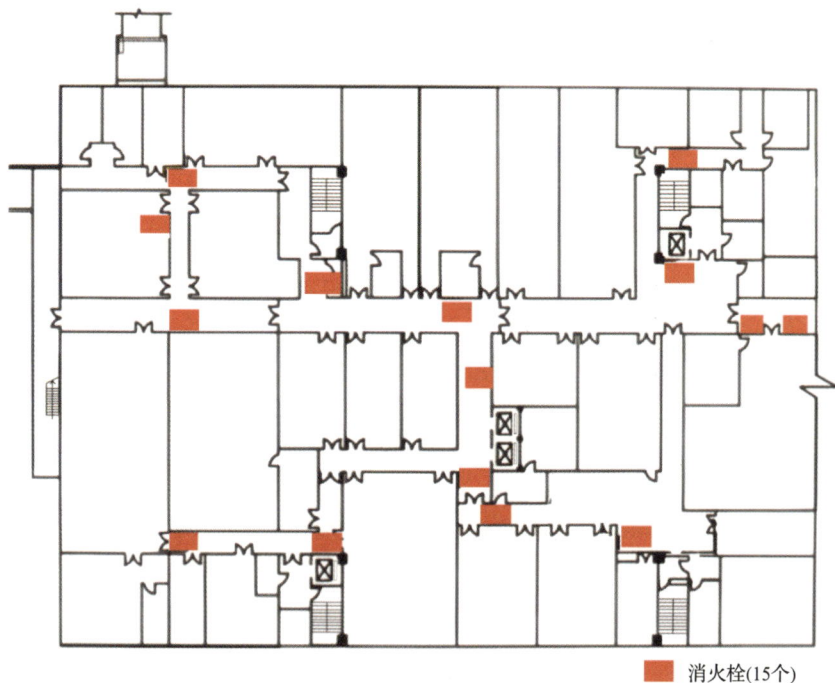

■ 消火栓(15个)

图 7.4 深圳大学科技楼负 1 层消火栓分布

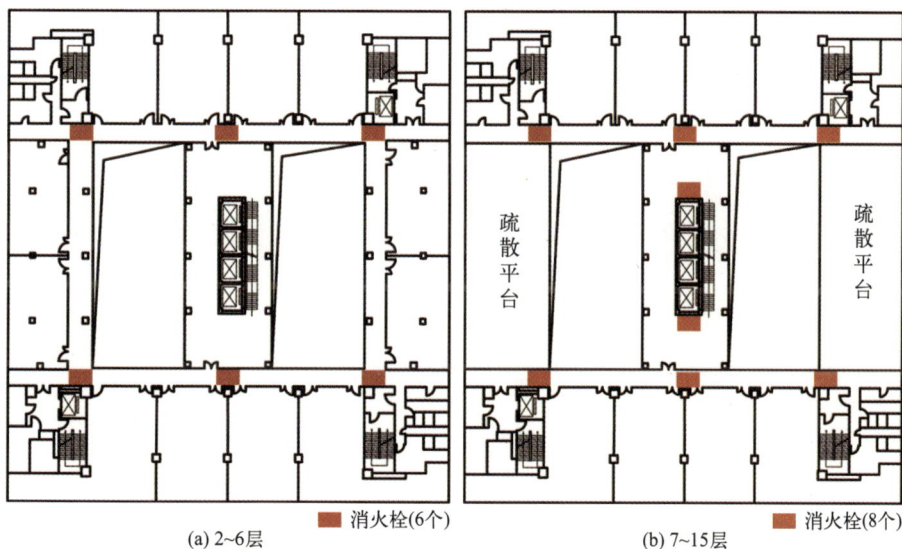

疏散平台   疏散平台

■ 消火栓(6个)   ■ 消火栓(8个)

(a) 2~6层   (b) 7~15层

图 7.5 深圳大学科技楼标准层消火栓分布

7.1.2 建筑平面防火设计

科技楼首层为裙房部分，由防火分隔规整地划为 3 个防火分区，经调研发现可正常通行的疏散出入口共 6 个，如图 7.6 所示；标准层为 1 个防火分区，有 4 个疏散出入口，如图 7.7 所示。

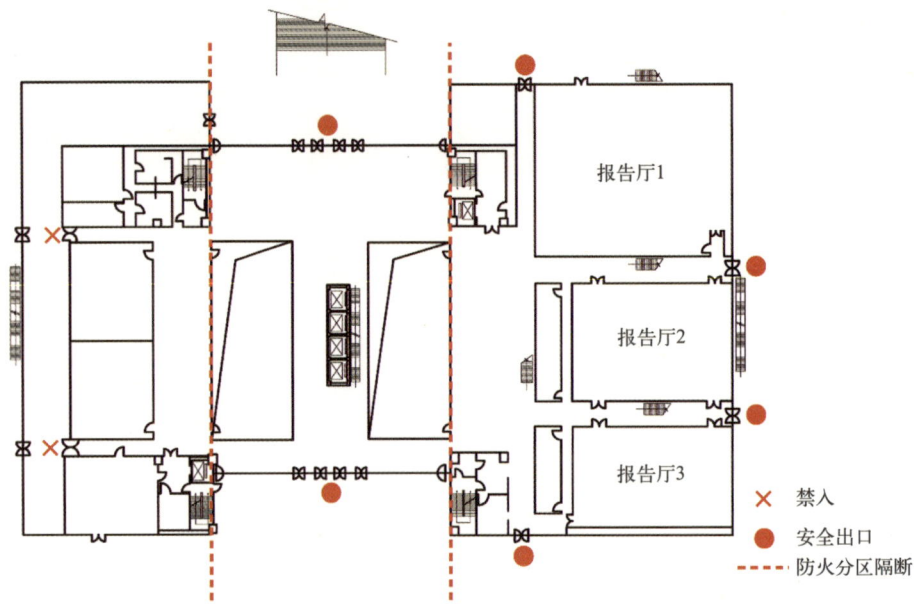

报告厅1

报告厅2

报告厅3

× 禁入

● 安全出口

- - - 防火分区隔断

图 7.6 深圳大学科技楼首层平面图

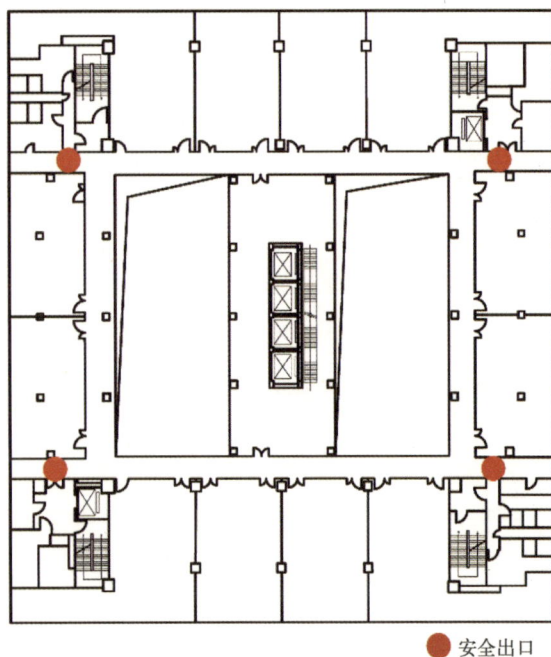

● 安全出口

图 7.7 深圳大学科技楼 6 层平面图

7.1.3 建筑安全疏散设计

科技楼的裙房为负 2 层至 1 层，主体是 2 ～ 15 层，顶部是 16 ～ 17 层，电梯位于建筑平面的中心位置，作为垂直交通的主要手段，疏散楼梯分布于建筑四周，承担疏散功能，如图 7.8 所示。

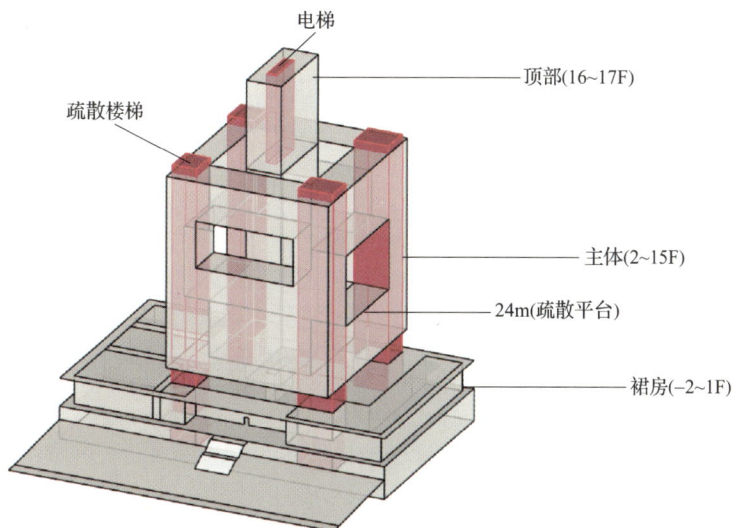

图 7.8　深圳大学科技楼疏散楼梯分布

7.1.4　危险性评估

7.1.4.1　疏散距离过大，影响逃生效率

科技楼部分楼层为获得更多的办公空间，采用了大量不合理的隔断，如 4 层与 5 层南北部分隔出内廊式办公室，使部分房间疏散距离增大，产生不利影响，尽端内廊甚至使疏散距离最大增加到 36m，如图 7.9 所示。

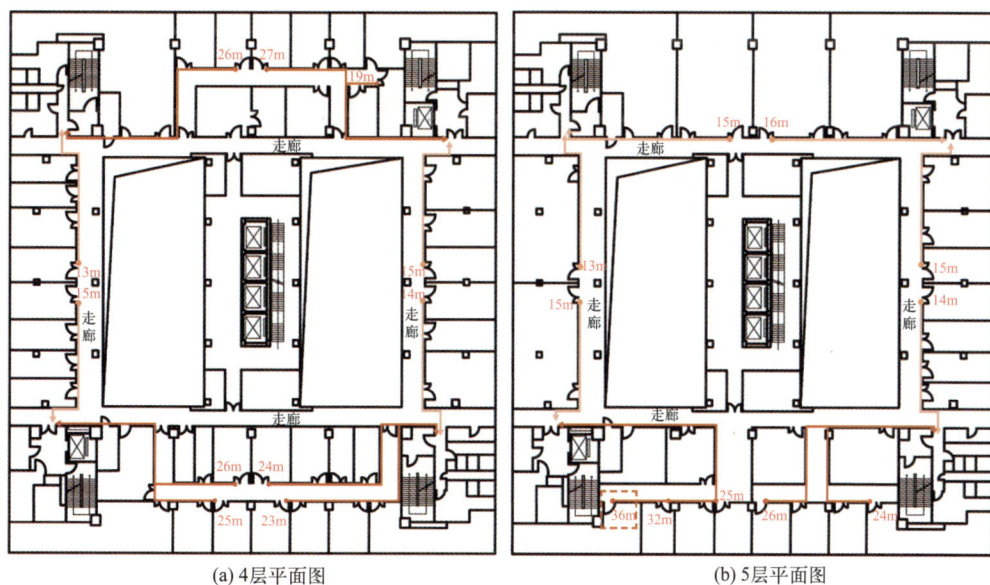

(a) 4层平面图　　(b) 5层平面图

图 7.9　隔断导致疏散距离增加示意图

7.1.4.2　后期使用、管理导致新的消防问题

深圳大学科技楼在使用过程中，出现了前室办公用品、杂物随意堆放现象，物业为方便管理，将部分安全疏散门用门锁锁住，部分疏散门老旧损坏，未有修缮，如图 7.10 所示。

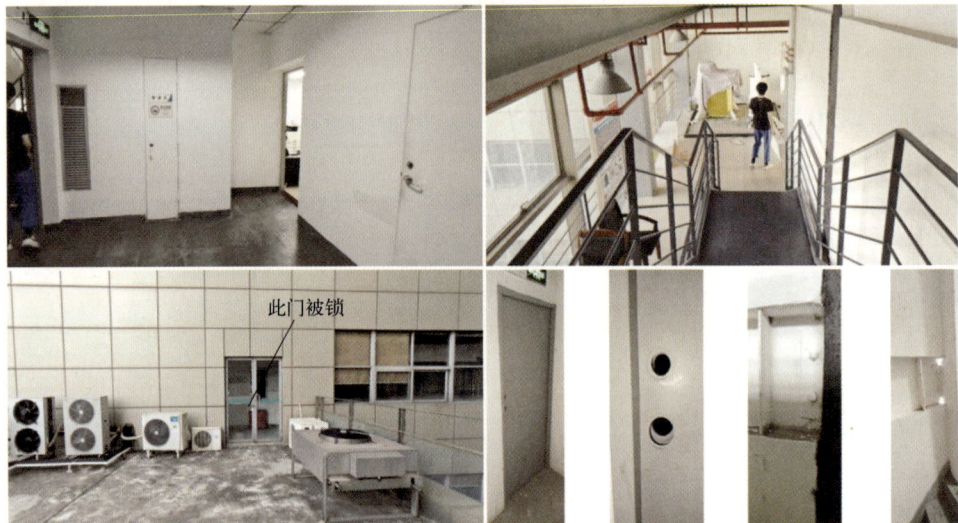

此门被锁

图 7.10　后期使用、管理导致的消防问题

7.2　图书馆火灾危险性调研与评估

图书馆因其藏书量大、纸质文献易燃、人员密集且疏散困难等特点，火灾危险性不容忽视。深圳大学图书馆北馆建于 1986 年，总建筑面积为 23441m²，为读者提供了一个 6 层高的阅览、休息和自习的多功能空间，如图 7.11 所示。馆内中庭处设置悬挑双跑楼梯满足读者日常的交通需求，同时中庭的南北两侧均设有疏散楼梯，确保了紧急情况下的快速疏散。图书馆的布局采用了集中式的"回"字形态，通过室内回廊连接各层功能区，将交通面积压缩至最小，从而最大化使用效益。在结构设计上，图书馆采用了大进深、大柱网的 7m×8m 框架结构体系，这不仅为藏书与阅览单元提供了合理的支撑体系，也构成了统一开间、统一柱网、统一层高、统一荷载的矩形平面。图书馆在设计中尝试了真正符合开放式阅览理念的新结构和空间形式，成为开放式图书阅览布局的一个典型案例。图书馆内藏书丰富、人员密集且流动性大，同时存在大量电气设备和纸质文献等易燃物品，存在一定的火灾风险。因此，对深圳大学图书馆北馆进行火灾危险性调研与评估具有重要的现实意义。

图 7.11　深圳大学图书馆北馆

7.2.1　建筑总平面设计

图书馆消防环道宽 5m，设计合理，周围消防设施布置充足，但在使用过程中存在学生自行车停放导致消防通道被占用现象，如图 7.12 所示。

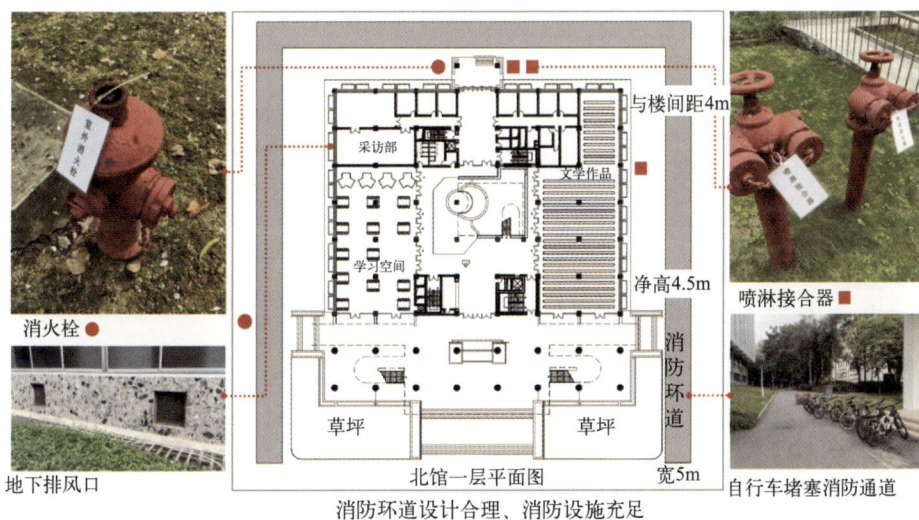

消火栓　●

地下排风口

黑鸟消火栓

采访部

学习空间

文学作品

北馆一层平面图

消防环道设计合理、消防设施充足

草坪　　草坪

与楼间距4m

净高4.5m

消防环道

宽5m

喷淋接合器　■

自行车堵塞消防通道

图 7.12　图书馆消防环道

7.2.2　建筑消防设备

7.2.2.1　消火栓、灭火器

室内消火栓应设于楼梯间、走道等明显易取处，便于火灾扑救。同一楼梯间及附近楼层消火栓平面位置宜一致，且应确保两支水枪充实水柱能同时覆盖室内任一部位，且消火栓间距不应超过 25m。以图书馆 3 层为例，其消火栓布局存在不足，如将一个消火栓设在南侧文化教育图书室内，可能导致西南侧部分区域覆盖不够理想。

另外，其布置了 17 个灭火器，图书馆灭火器配置要求为每 $50 \sim 80m^2$ 配置 1 个灭火器，图书馆 3 层出现局部集中配置现象，不完全满足图书馆灭火器配置要求，灭火器配置布局不合理。图书馆 3 层消火栓、灭火器分布如图 7.13 所示。

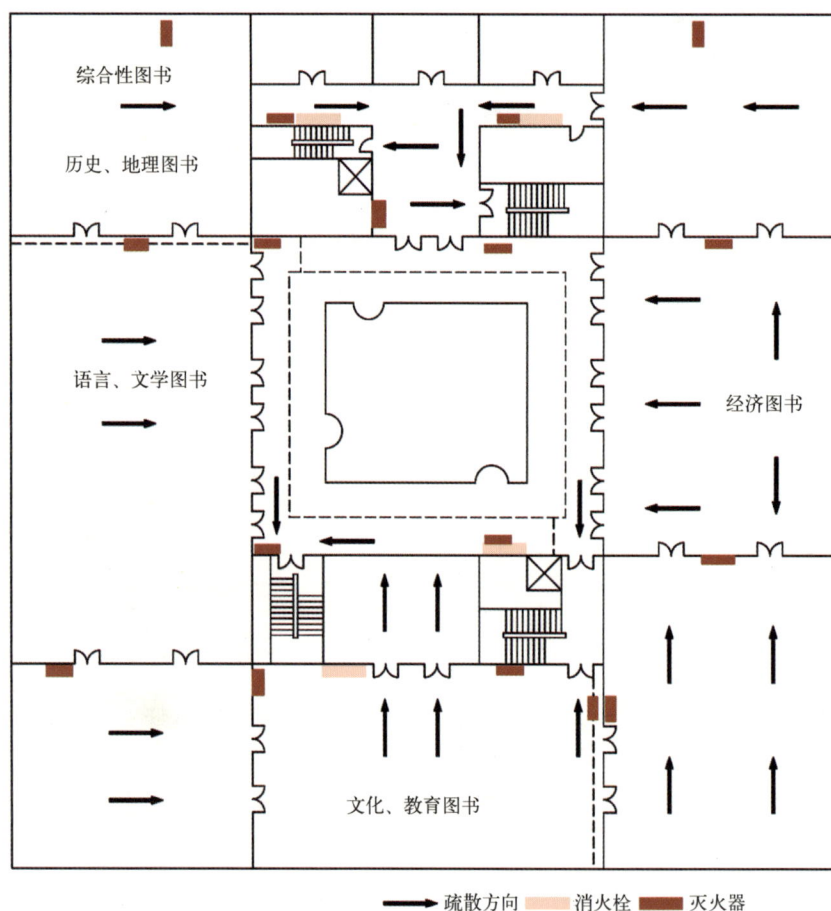

图 7.13　图书馆 3 层消火栓、灭火器分布

7.2.2.2　自动灭火系统

该图书馆采用了自动气体灭火系统与自动喷水灭火系统组合使用的方式：对于存放重要书籍和长期保存文献的书库区域，采用自动气体灭火系统，以避免火灾时因喷水带来的书籍损毁；而在办公区、阅览区，以及非珍贵文献区等区域，则选用自动喷水灭火系统，确保及时控制火势并保障人员疏散安全。两类自动灭火系统的喷头如图 7.14 所示。

(a) 自动气体灭火系统   (b) 自动喷水灭火系统

图 7.14　自动灭火系统的喷头

7.2.2.3　火灾报警系统

以图书馆 2 层为例，其分布着 3 个火灾报警器，满足从一个防火分区内的任何位置到最邻近的手动火灾报警按钮的步行距离不应大于 30m 的规定，并且满足手动火灾报警按钮应设置在明显和便于操作的部位的规定，如图 7.15 所示。当安装在墙上时，其底边距地高度宜为 1.3 ～ 1.5m，且应有明显的标志。

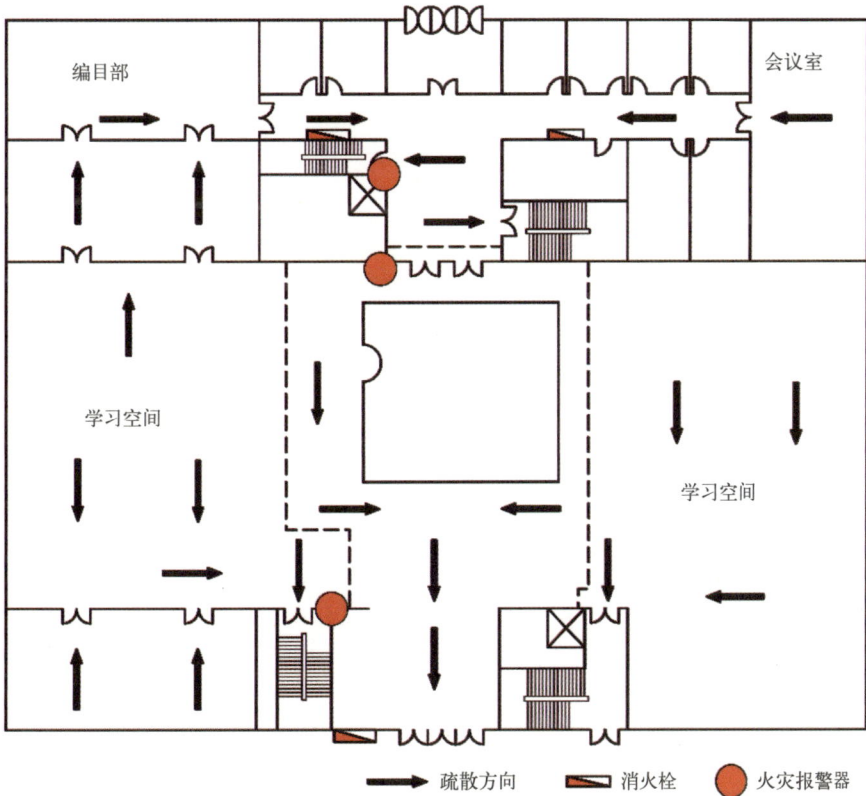

图 7.15　火灾报警系统

7.2.3 建筑平面防火设计

7.2.3.1 防火分区设计

1～2层设置了4个防火分区，面积较小，3～6层设置了包括中庭在内的3个防火分区，中庭防火分区面积为270m²，其余2个防火分区面积在1500m²以下，如图7.16所示。

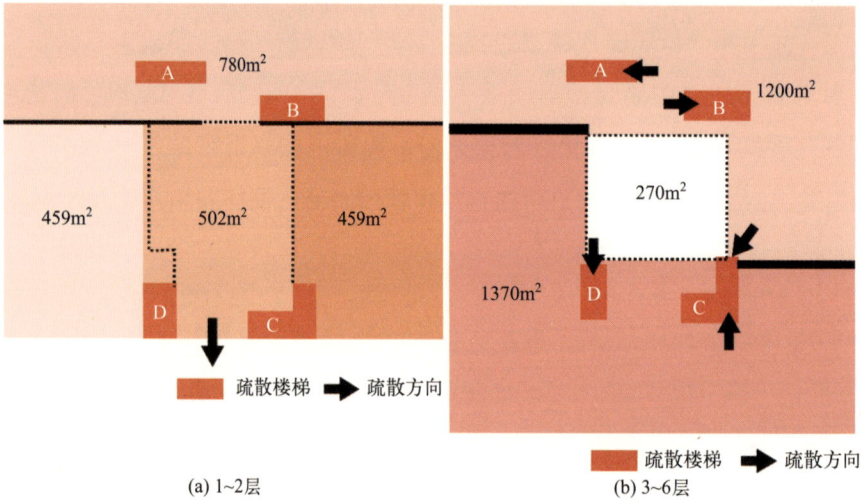

图 7.16 防火分区示意图

7.2.3.2 中庭防火设计

图书馆中庭回廊设置了灭火器材以及消火栓，内有火灾报警系统，防火卷帘紧邻中庭中空部分，将中庭回廊与中空部分隔离开，有效减少了中庭的防火分区面积。回廊设有喷淋，但是无法得知与中庭连通的空间的玻璃门是否是1h耐火极限防火玻璃墙，如图7.17所示。建筑中庭顶部设有自动喷水灭火系统，并设有排烟窗以及其他排烟设施，如图7.18所示。

图 7.17 中庭回廊消防设施

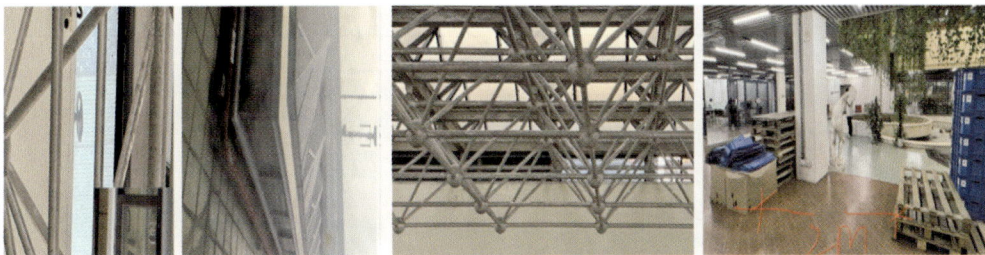

图 7.18　中庭顶部消防设施

7.2.4　建筑安全疏散设计

7.2.4.1　疏散通道

图书馆内部疏散走道存在部分上锁现象，使得安全出口数量减少，如图 7.19 所示。藏书区域内书架密集、走道狭窄，有效宽度仅为 1m，如图 7.20 所示。

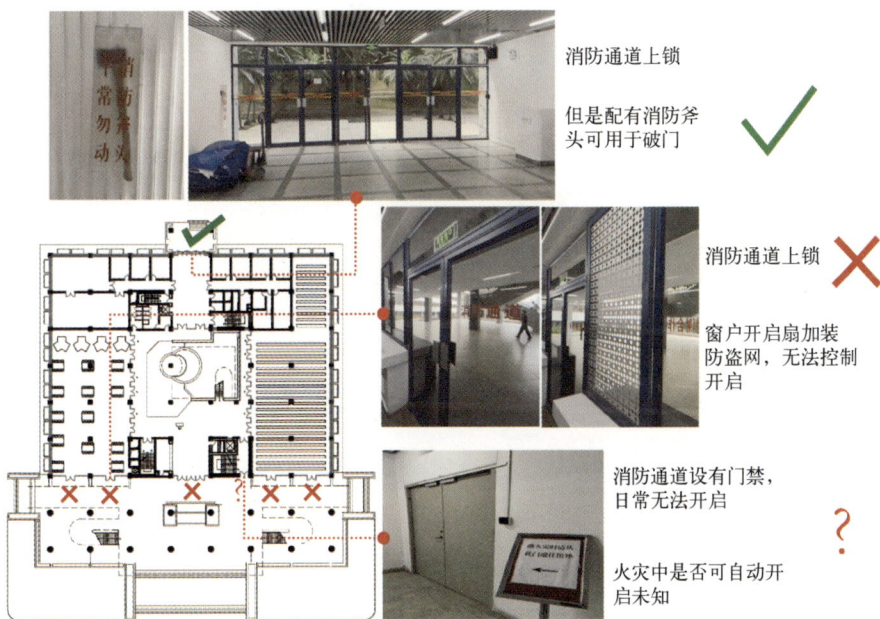

消防通道上锁

但是配有消防斧头可用于破门 ✓

消防通道上锁 ✗

窗户开启扇加装防盗网，无法控制开启

消防通道设有门禁，日常无法开启

火灾中是否可自动开启未知 ?

图 7.19　图书馆疏散通道上锁问题

7.2.4.2　逃生指引

图书馆逃生指引标识与灭火器、报警按钮等集中设置，有利于提高人员对于标识的辨识度。在每个楼梯转角以及楼梯出口处都设有疏散标识，如图 7.21 所示。

图 7.20 图书馆疏散通道宽度不足问题

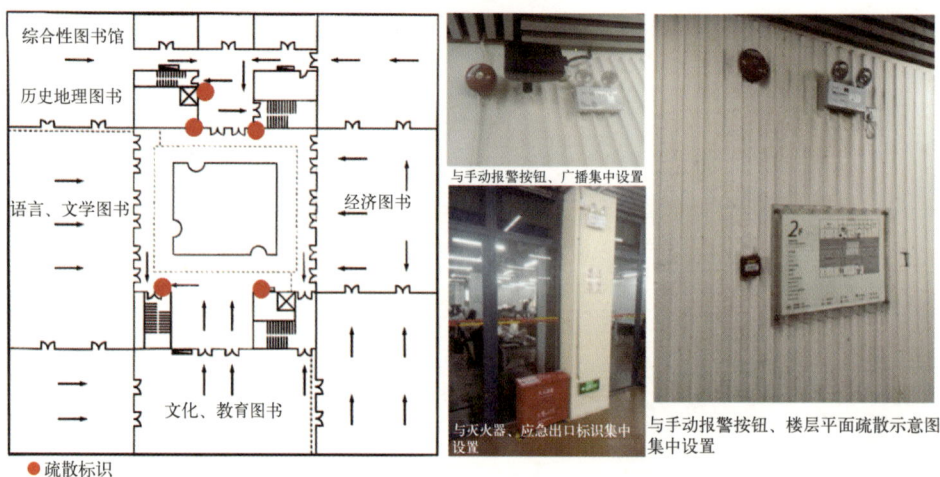

图 7.21 图书馆逃生指引

7.2.5 危险性评估

7.2.5.1 可燃物多，火灾隐患大

图书馆内有大量的纸质书籍、木制座椅、塑料材质的装书箱，火灾荷载大，可燃物种类多，一旦发生火灾，火势蔓延迅速，易造成重大损失。中庭植有大量垂直绿化，也可能成为引导火势发生垂直方向蔓延的可燃物，如图 7.22 所示。

7.2.5.2 人流量大，易造成疏散拥堵

经过调研统计发现，图书馆一天内的人流量可高达 1500 人次，且人员分布中呈现出楼层越低，满座率越高的现象，如图 7.23 所示。图书馆内部布置了众多书架，书架之间的间距仅能容纳一人通过，空间相对较为狭窄。在火灾等紧急情况下，人员疏散极易形成局部拥堵，这会显著降低人员的疏散效率，增加疏散难度。若此时有人不慎摔倒，或者因其他突发情况导致人群陷入惊慌失措的状态，就极易引发踩踏事故，从而造成严重的人员伤亡后果。

可燃物

3~5F结构相似(以3F为例)

中庭

图 7.22　可燃物调研

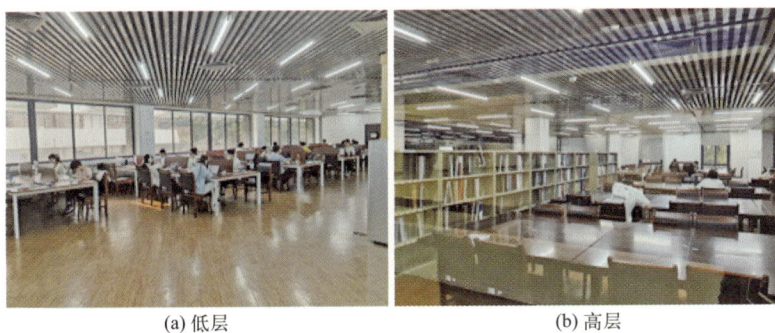

(a) 低层

(b) 高层

图 7.23　人流量调研

7.2.5.3　电气设备老旧且分布不合理，易引发起火

图书馆内电气隐患大，阅览空间插座布置在柱子上，每柱跨间集中分布 5 个插座，且此类插座离密集摆放的书本较近，自习空间每个座位桌面自带一或两个插座。若长期使用且维护不及时，电线容易老化、破损、接触不良，甚至出现短路现象，老旧电器在工作时会产生大量的热量，热量会在周边不断积蓄，从而引燃周边的书籍，如图 7.24 所示。

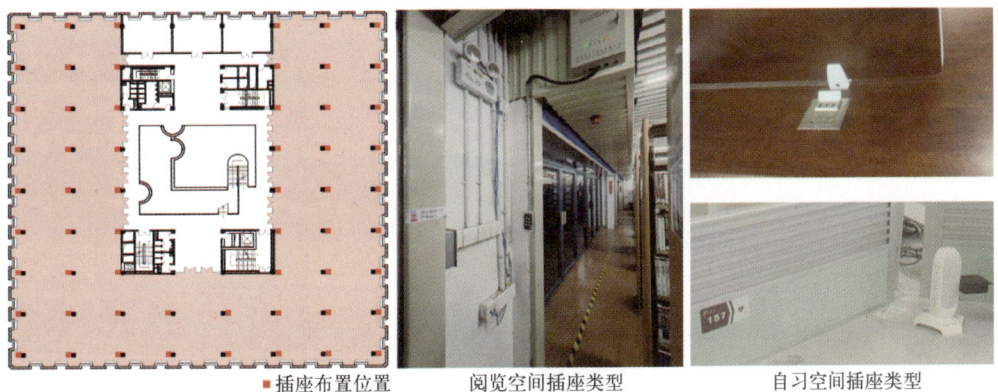

■插座布置位置

阅览空间插座类型

自习空间插座类型

图 7.24　电气调研

7.3 学生宿舍火灾危险性调研与评估

学生宿舍因人员密集、电器使用频繁、可燃物多等特点，火灾危险性不容忽视。深圳大学聚翰斋作为学生宿舍，坐落于校园的中心地带，地理位置优越，紧邻图书馆、运动场和校医院，是校园内人流密集的核心区域。其层数达到 18 层，高度超过 50m，是深圳大学内少数高度超 50m 的学生宿舍建筑之一，如图 7.25 所示。聚翰斋的建筑规模和高度使其在为学生提供舒适居住环境的同时，也面临着更为复杂的火灾风险。高层建筑的火灾蔓延速度快、疏散难度大，且学生宿舍内人员密集、生活电器使用频繁、易燃物品较多，这些因素都增加了火灾发生的可能性和危害性。因此，对深圳大学聚翰斋学生宿舍进行火灾危险性调研与评估具有重要的现实意义。

图 7.25　深圳大学聚翰斋

7.3.1 建筑消防设备

7.3.1.1 消防喷淋

首层喷淋间隔分布，对相近承重墙可进行降温，但是图 7.26 左下角理应有承重墙分布，且同时为应急通道，喷淋未分布，无法对相应承重墙进行降温，可能存在隐患。

7.3.1.2 报警系统

首层烟雾报警器较多，主要集中在聚翰斋出入口位置，报警器在首层呈线性分布，但发现在右侧主入口前台（人流量大）附近无报警器分布，如图 7.27 所示。

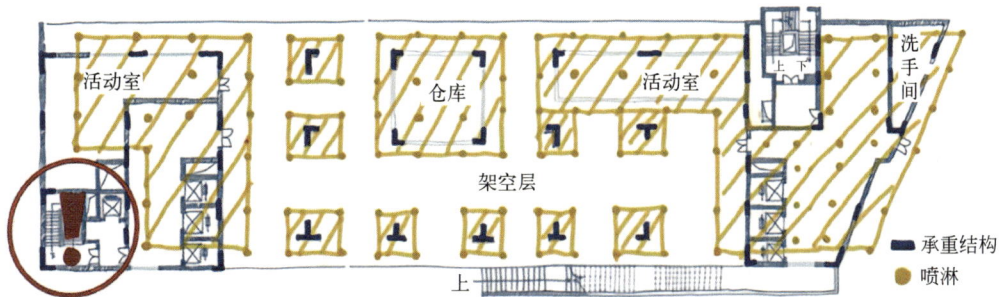

图 7.26　聚翰斋首层平面喷淋布置

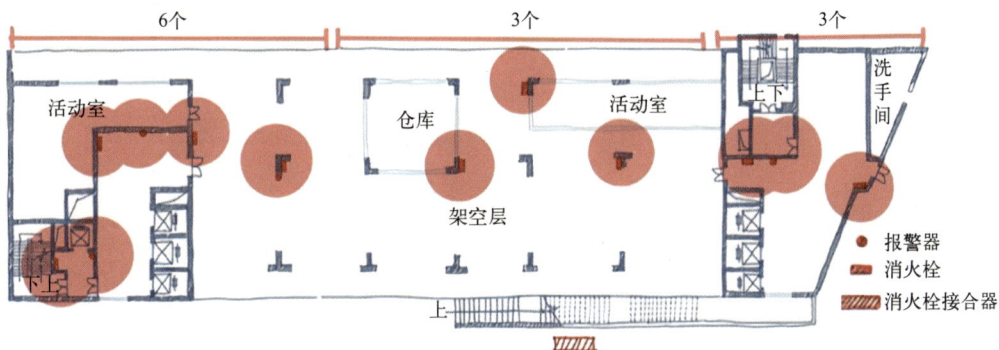

图 7.27　聚翰斋首层报警系统分布

在标准层，沿着建筑走道等距布置了三处报警系统，在左下角疏散消防电梯处也设置了报警系统，如图 7.28 所示。

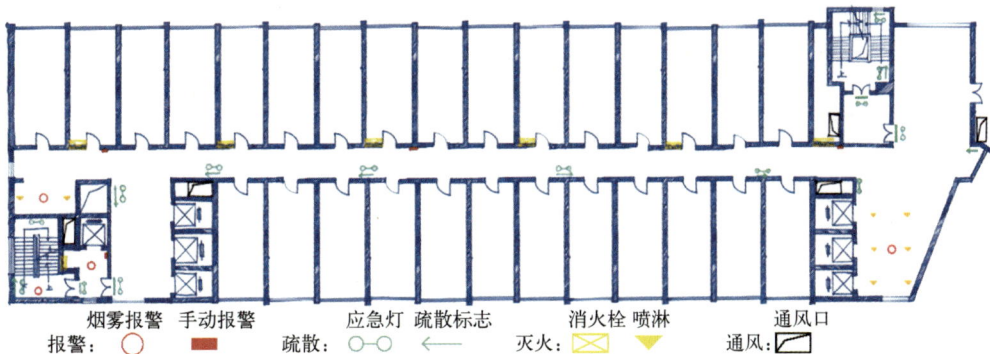

图 7.28　聚翰斋标准层报警系统分布

7.3.1.3　灭火设备

各层均配备灭火器和消火栓，一般都是相邻布置，标准层天花板下设置了喷淋，如图 7.29 所示。

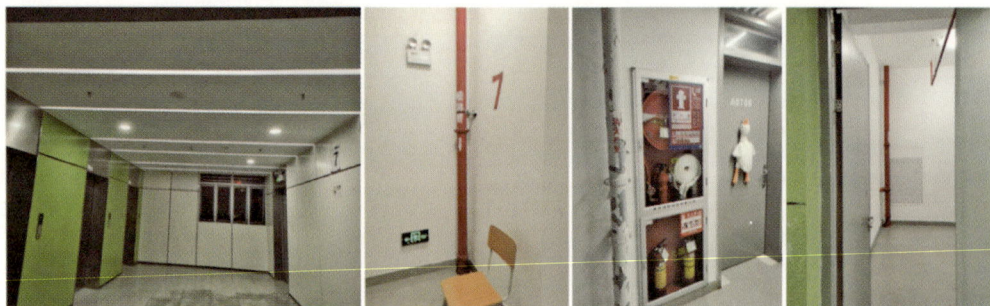

图 7.29　聚翰斋灭火设备分布

7.3.1.4　通风设备

调研过程中找到了一些排烟设备，但发现部分连接存在破损现象，未有维护，如图 7.30 所示，若发生火灾可能无法发挥相应作用。

图 7.30　通风设备连接处破损、被消火栓管卡住

7.3.2　建筑平面防火设计

聚翰斋首层大部分为架空层，两侧作为整个建筑的主要逃生口，同时兼具少部分仓库功能和活动室功能，如图 7.31 所示。仓库功能区主要为书院，内部储藏大量书籍，因此其作为首层火荷载较高区域，是后续需要着重关注的。

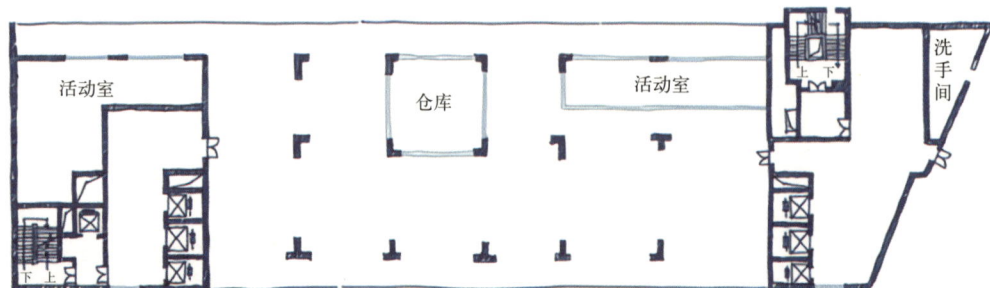

图 7.31　聚翰斋首层平面图

7.3.3 建筑安全疏散设计

根据人群流线分析，发现部分应急灯指向性被墙壁和部分柱子遮挡，因此部分节点可能存在应急指引性有限的问题，如图 7.32 所示。

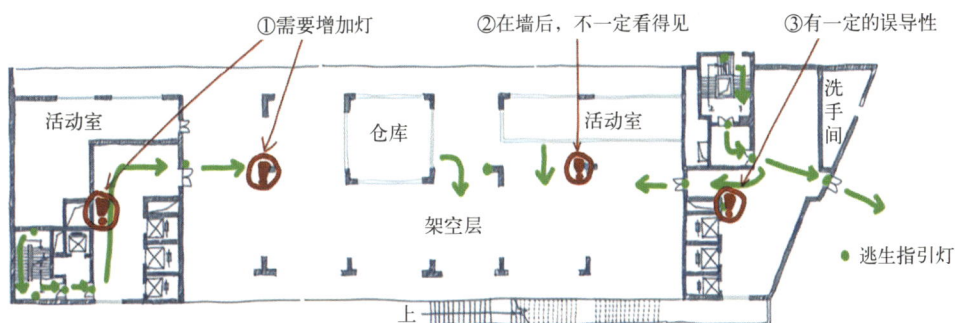

图 7.32 疏散标识分布及问题

7.3.4 危险性评估

7.3.4.1 廊道内可燃物多，火灾荷载较大，消防通道不畅及消防设备不足

宿舍廊道被大量杂物侵占，包括垃圾、晾衣架、雨伞等生活用品，垃圾包括聚乙烯、瓦楞纸、有机物等，可燃物种类丰富，增大火灾隐患；晾衣架和雨伞的存在降低了走道的有效疏散宽度，如图 7.33 所示。

图 7.33 廊道杂物堆积

左侧消防通道因紧邻承重墙而无法对外开窗，而内部未设置喷淋等设备，因此有较大隐患，如图 7.34 所示。相比较而言，右侧消防通道除了存在与左侧消防通道一样的问题以外，因其日常使用频率比左侧更高，较多出现杂物堆积和防火门持续打开的情况，导致右侧消防通道的火灾危险性更高，如图 7.35 所示。

7.3.4.2 宿舍内电器起火隐患大

宿舍空间狭小，经调研其内又大量堆放杂物，其中以易燃物为主，如瓦楞纸、布料、塑料等，火灾隐患问题严峻。由于宿舍易燃物多，因此电器使用也很容易造成隐患，例如可自热电器，其不仅会为火灾提供温度条件，而且由于自热原因，其一般功率较高，对宿舍电路负荷同样造成影响，易造成电路故障，如图 7.36 所示。排插在使用中，由于其运转会发热，而置物架常常堆满易燃物，当它被放置在置物架上时，其产生的热量就可能引燃这些易燃物，增加火灾风险。由于宿舍插座口有限，单一排插不容易满足学生对电器使用的需求，因此可能会选择在排插上叠加排插，造成电路并联，增加荷载。

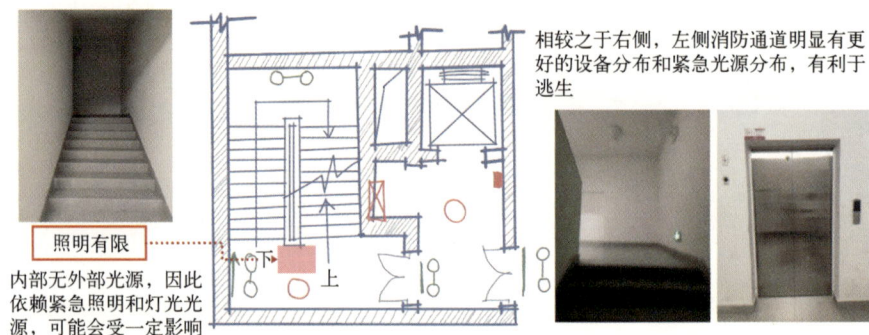

相较之于右侧，左侧消防通道明显有更好的设备分布和紧急光源分布，有利于逃生

照明有限

内部无外部光源，因此依赖紧急照明和灯光光源，可能会受一定影响

图 7.34 左侧消防通道

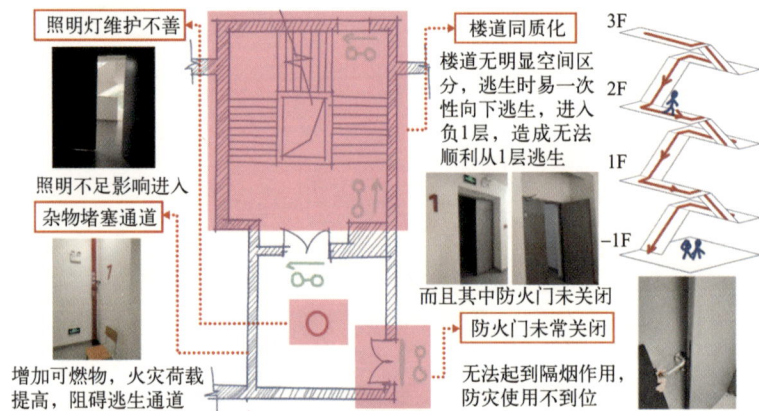

照明灯维护不善

照明不足影响进入

杂物堵塞通道

增加可燃物，火灾荷载提高，阻碍逃生通道

楼道同质化

楼道无明显空间区分，逃生时易一次性向下逃生，进入负1层，造成无法顺利从1层逃生

而且其中防火门未关闭

防火门未常关闭

无法起到隔烟作用，防灾使用不到位

图 7.35 右侧消防通道

图 7.36 宿舍内火灾隐患

7.4　地下车库火灾危险性调研与评估

地下车库（图 7.37）的建设在有效解决城市停车难问题的同时也带来了很多消防问题，由于新建车库大都为多层的地下车库，如果一些工程设计、施工人员消防安全意识薄弱，缺乏消防安全知识，设计中缺乏防火设计或者防火监管不到位，则会埋下火灾隐患，一旦发生火灾，往往会造成严重的经济损失和人员伤亡。

图 7.37　地下车库

7.4.1　建筑总平面设计

地下建筑的火灾扑救比地面建筑的火灾扑救要困难得多，地下车库出入口有限，若地下起火，各通道口不断冒出滚滚黑烟，烟气多温度高，并且视线差，难以直接观察到火源位置，无法展开大面积扑救。为避免烟气给楼上的居民造成伤害，消防救援人员在制定灭火计划的同时，一般会对楼上居民进行疏散。与此同时，消防救援人员可兵分两路，一路从楼道楼梯口进入火场，另一路直接从地下车库入口处，在热成像仪的指引下进入火场。某地下车库平面图如图 7.38 所示。

7.4.1.1　火灾报警器及消防喷淋

地下车库的防火等级相比同级地上建筑更高，需按规范要求设置足够的火灾报警器和消防喷淋，设置消防喷淋时，防火分区面积可扩大一倍，如图 7.39 所示。

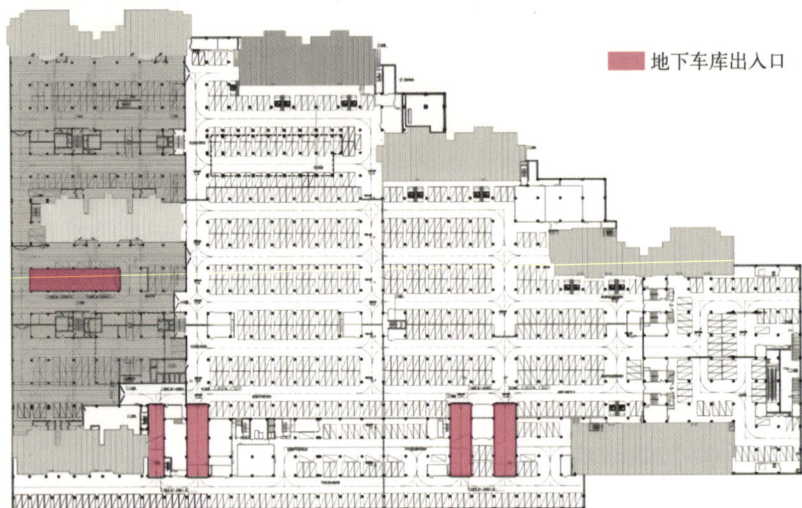

地下车库出入口

图 7.38　某地下车库平面图

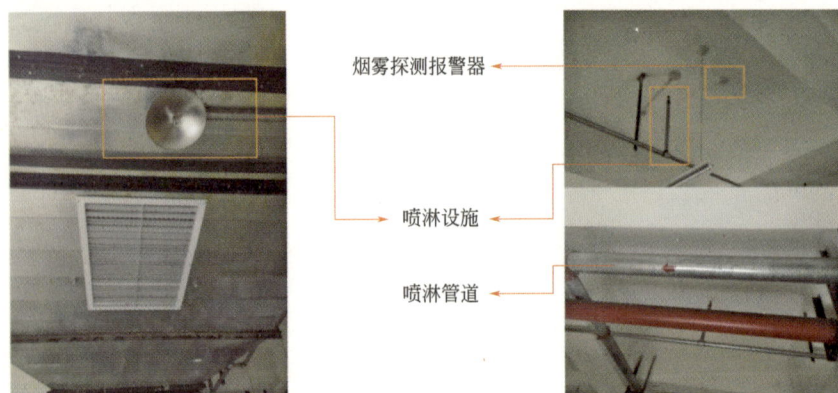

烟雾探测报警器

喷淋设施

喷淋管道

图 7.39　火灾报警器和消防喷淋位置

7.4.1.2　通风排烟设施

在发生火灾的区域，浓烟遮挡视线不利于逃跑，机械排烟系统通过管道负压抽吸，将烟气定向引导至排烟口集中排出，利于消防抢救和逃生，如图 7.40 所示。在未发生火灾的区域，通过送风加正压来防止烟气进入此区域。

图 7.40　通风排烟设施

7.4.2　建筑平面防火设计

7.4.2.1　防火分区

地下车库属于典型的扁平大空间，其宽度和深度远大于高度。由于地下车库内部有许多管道排列，导致楼层净高较低，通常在 2.2～3m 之间，并且空间连通性较高。这种空间特点在火灾情况下会显著影响烟气的流动。热浮力会驱动烟气快速向上流动，当烟气在垂直方向上流动并与顶棚发生碰撞后，会转变为沿顶棚水平方向的流动。这种流动方式会加速烟气在车库内的扩散，进一步增加了火灾的危险性。

地下车库的防火分区按照《汽车库、修车库、停车场设计防火规范》（GB 50067—2014）来定（2000m²），且按照防火规范，在设置了喷淋与烟感后防火分区面积可增大一倍，即地下车库的防火分区最大可达到 4000m²。如图 7.41 所示，该地下车库的防火分区 10 的面积为 3928.27m²，与 4000m² 的最大允许防火分区面积十分接近。

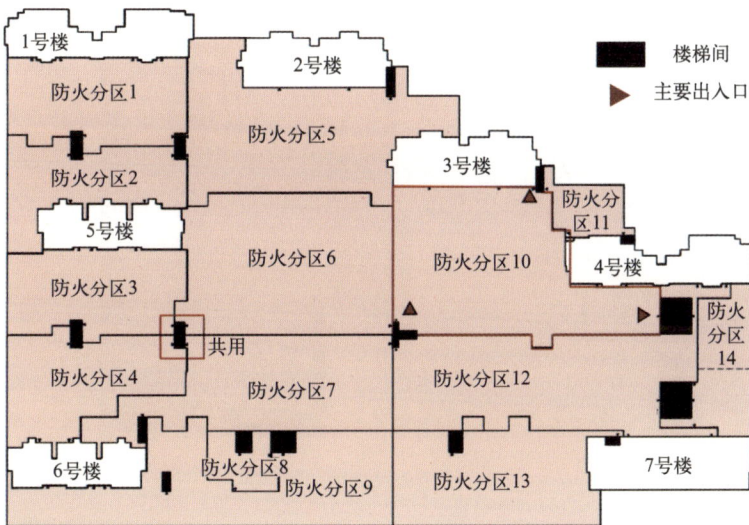

图 7.41　防火分区划分

7.4.2.2　防烟分区

用于防烟分区的挡烟垂壁是采用不燃材料制作，安装于吊顶或顶棚下的挡烟设施，如图 7.42 所示。挡烟垂壁属于防排烟系统，借助挡烟垂壁可以阻止烟气的水平向蔓延。

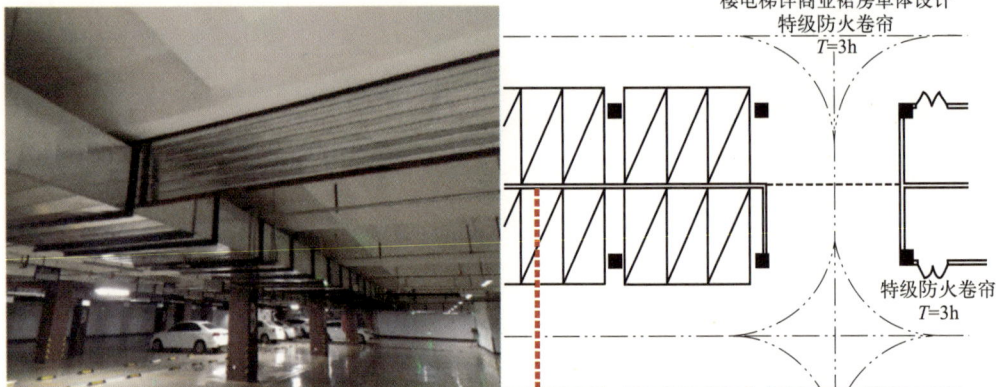

图 7.42 挡烟垂壁

7.4.3 安全疏散设计

调研过程发现应急标识牌照明亮度不足，部分标识牌相隔过远，难以为疏散人员提供有效的逃生路线指引，如图 7.43 所示。应当提高地库中对安全标识牌距离的要求，另若火灾发生，应急疏散标识是否会被烟气蔓延遮挡导致无法进行指示。

图 7.43 应急疏散标识

7.4.4 危险性评估

7.4.4.1 火场温度高且烟气量大

地下建筑发生火灾时热烟气很难排出，散热缓慢，内部可燃物多，空间温度上升快。火灾房间空气的体积急剧膨胀，CO、CO_2 等气体浓度迅速增加，温度也会急剧升高。在地下车库中，无法依靠自然通风因而使用机械通风，烟气较地上建筑的火灾更难排出，更易导致大量热量积聚。

7.4.4.2　较易出现"轰燃"

地下建筑的排热性差，热量积累较快，地下建筑火灾比地面建筑火灾更易发生"轰燃"，且出现的时间更早。由于地下建筑基本上是个封闭体，易燃易爆物品发生爆炸时，泄爆能力很差。

7.4.4.3　照明不足，人员疏散困难

地下建筑完全靠人工照明，照明效果比地上建筑的自然采光差，加之火灾时，普通照明电源被切断，仅依靠应急照明，人的视觉完全靠应急照明和疏散标志指示灯保证。火灾烟气生成量与可燃物材料特性、燃烧状态及通风条件相关。地下建筑因通风受限，易导致阴燃时间延长，从而产生更大烟气量。若缺失应急照明，火灾断电后建筑内有效照度将降至安全阈值以下，人员难以辨识疏散路径。叠加烟雾导致的能见度丧失及有毒气体扩散，人员定向逃生能力与存活概率将急剧下降。

课后思考题

1. 地下车库火灾危险性评估中，为什么说地下车库火灾比地面建筑火灾更难扑救？

2. 在深圳大学图书馆北馆和聚翰斋学生宿舍的火灾危险性评估中，疏散设计存在哪些共同问题？

第8章 公共建筑火灾安全疏散实景实验

8.1　科研办公楼火灾安全疏散实验

8.2　图书馆火灾安全疏散实验

8.3　学生宿舍火灾安全疏散实验

8.4　商业综合体火灾安全疏散实验

图表来源致谢如下：

图 8.1~ 图 8.7、表 8.1，　　　　学生姓名：王楚锐、程子隽、简筱岚、肖荣彬、吴奕超、邱振龙、林　玥、吴　烨；

图 8.8~ 图 8.14、表 8.2~ 表 8.3，　学生姓名：殷嘉悦、刘　涛、王荣敏、张　翔、何子熙、欧阳子航、冉博华、萨塔尔、黎挚楷；

图 8.15~ 图 8.18、表 8.4，　　　　学生姓名：杜乐诗、雷心悦、尚宇恩、詹依莉；

图 8.19~ 图 8.23、表 8.5~ 表 8.7，　学生姓名：刘　睿、陈熙来、杨彩平、黄睿瑶。

8.1 科研办公楼火灾安全疏散实验

8.1.1 实验场地概况

深圳大学科技楼的概况可参见本书 7.1 节，其相对异形的建筑空间布局将对人员疏散造成一定的影响。深圳大学科技楼主要用于科研、教学以及各类学术活动，因此楼内日常人员流量较大。然而，建筑内部的火灾荷载相对较大，一旦发生火灾，火焰容易蔓延，且人员在逃生时易出现拥堵现象，存在一定安全隐患。深圳大学科技楼外观如图 8.1 所示。

图 8.1 深圳大学科技楼

8.1.2 实验策划

本次实验以探究火灾发生时在科技楼中不同因素对逃生速度的影响为实验目标，以深圳大学科技楼为实验研究对象，选取某下课时段为实验时间。本次实验分别设置六个特殊场景，分别为：行动自如者逃生场景、行动自如者集体逃生场景、逃生途中人流量增加场景、背包负重者逃生场景、折返者逃生场景、行动不便者逃生场景。通过控制逃生者行动灵活度、人流量来形成不同的影响因素。本次实验过程中使用的器材为手机（计时、拍视频）、泡泡纸＋单面胶（模拟尘烟带来的视线遮挡）、背包（辅助模拟负重背包人群）、沙袋（辅助模拟行动不便人群）。在本次实验设置的六个特殊场景中，以科技楼的交通核心筒区域作为实验区域范围，获取六次场景实验的疏散时间。

六个场景设置分别如下。

① 在行动自如者逃生场景中，实验模拟人数为 2 人，安全疏散路径为 9F 交通核心筒至 1F 地面层，以模拟少人逃生的情况。

② 在行动自如者集体逃生场景中，实验模拟人数为 6 人，安全疏散路径为 15F 交通核心筒至 1F 地面层，以模拟多人共同逃生的情况。

③ 在逃生途中人流量增加场景中，实验模拟人数为 6 人，分为三组，每组两人。第一组从 15F 出发至 1F 地面层；第二组于 11F 等待，待第一组到达 11F 时，与第一组共同疏散至 1F 地面层；第三组于 7F 等待，待前两组到达 7F 时，与前两组共同疏散至 1F 地面层。在实验中通过增加疏散中的人数，以模拟人流量增加影响人们逃生速度的情况。

④ 在背包负重者逃生场景中，实验模拟人数为 2 人，分别负重背包，安全疏散路径为 9F 交通核心筒至 1F 地面层，以模拟负重逃生的情况。

⑤ 在折返者逃生场景中，实验模拟人数为 2 人，安全疏散路径为 9F 交通核心筒至 1F 夹层，于 1F 夹层中寻找其他安全出口，以模拟消防口被堵而转换消防梯逃生的情况。

⑥ 在行动不便者逃生场景中，实验模拟人数为 2 人，分别于腿上绑缚配重，安全疏散路径为 9F 交通核心筒至 1F 地面层，以模拟行动不便人员安全疏散逃生的情况。

六个特殊场景实验现场如图 8.2～图 8.7 所示。

图 8.2　行动自如者逃生场景

图 8.3　行动自如者集体逃生场景

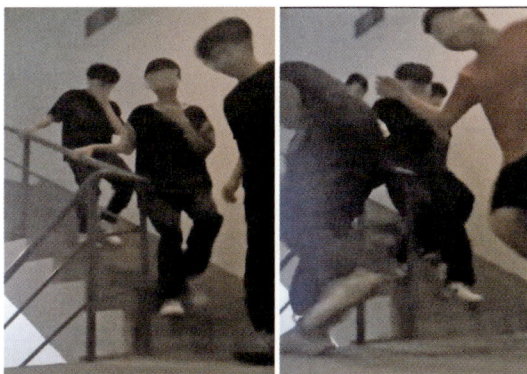

图 8.4　逃生途中人流量增加场景

图 8.5　背包负重者逃生场景

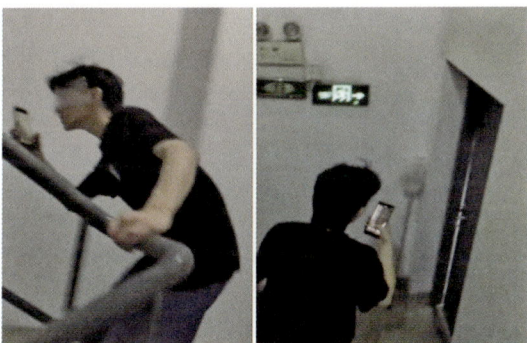

图 8.6　折返者逃生场景

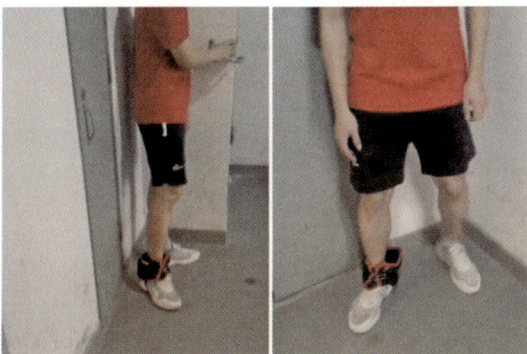

图 8.7　行动不便者逃生场景

8.1.3 实验结果分析

本次实验模拟分析了六种安全疏散场景，实验总结如**表 8.1** 所示。可以看出疏散时人流量与疏散人员自身状况将会对人员的逃生速度造成一定的影响。对比场景一与场景二，可以发现高层逃生会随着楼层的增高而导致人员的体力消耗，使得人员的安全逃生速度下降。对比场景二与场景三，逃生过程中人流的不断增加会导致人群堵塞，降低逃生速度。对比场景一与场景四，可以发现逃生时负重会减慢逃生速度，因此逃生时应抛弃身上不必要的物品以减轻负重。在场景五中，逃生时如遇消防出口堵塞会对人员的安全疏散逃生造成严重的影响，日常中相关单位应加强管理。在场景六中，行动不便者逃生速度十分缓慢，在逃生过程中需要人员对其进行辅助。同时在实验过程中，实验人员发现科技楼现存有一定的问题，如 1F 夹层的存在容易让逃生者将其误认为 1F；楼层指示标识无法辨认；楼梯间内垃圾、可燃物过多，影响人员疏散。

表 8.1　实验总结

场景	疏散时间 /s	实验结论
场景一：行动自如者逃生（9F）	90	1. 平均每层楼需要约 10s，而在紧急情况或逃生路径错误下用时更长； 2. 在高层逃生更为艰难，体力透支严重
场景二：行动自如者集体逃生（15F）	184	1. 平均每层楼需要约 12s，而在紧急情况或逃生路径错误下用时更长； 2. 在高层逃生更为艰难，体力透支严重
场景三：逃生途中人流量增加（15F）	240	1. 人流量的增加会导致每层逃生速度变慢，每层逃生时间由 12s 增加至 18s、20s； 2. 人流量增加幅度越大，逃生时间越长
场景四：背包负重者逃生（9F）	128	1. 平均每层楼需要约 15s； 2. 背包负重者逃生更为艰难，逃生速度受影响变慢，体力透支严重
场景五：折返者逃生（9F）	130	1. 平均每层楼需要约 14s； 2. 往返者逃生更为艰难，需要及时辨认及更改逃生路径，逃生速度减慢
场景六：行动不便者逃生（9F）	252	1. 平均每层楼需要约 28s； 2. 行动不便者逃生更为艰难，体力透支严重，需考虑缓冲休息时间； 3. 行动不便者在人流中有摔倒风险

8.2　图书馆火灾安全疏散实验

8.2.1　实验场地概况

深圳大学图书馆北馆（图 8.8）在结构设计上创新性地采用了大进深、大柱网的框架体系，以实现开放式阅览的理念，但这种布局也带来了潜在的火灾安全隐患，主要体现在通道狭小和火灾风险高两个方面。如前文 7.2 节所述，深圳大学图书馆采用了 7m×8m 框架结构体系，然而，开架书架的大量摆放将导致图书馆内部人行通道狭小，阻碍火灾时人员的安全疏散，并延误人员的逃生时间。此外，图书馆内贮存了大量的纸质书籍，存在较高的火灾风险，一旦起火，火势蔓延迅速，高温和浓烟将对书籍和人员安全构成严重威胁。

图 8.8　深圳大学图书馆北馆

8.2.2　实验策划

本次实验以探究火灾发生时从深圳大学北图书馆的不同不利点位下不同疏散路径的现存问题为目标，以北馆 4 层全开架阅览区作为实验研究对象，由此进行真人疏散实验。本次实验参与人数为 9 人，其中一人负责拍摄，另一人负责从最不利点开始逃离，其余成员从逃生路径中随机加入疏散，模拟多股人流汇入相同的疏散方向。同时，负责逃生的实验人员采用白色半透明塑料袋模拟烟雾模糊视线，套在头上以增大呼吸的难度，如图 8.9、图 8.10 所示。实验人员逃生全程需弯腰，用手（模拟湿布）捂住口鼻。

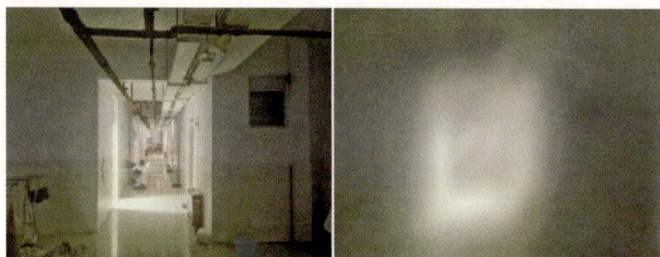
图 8.9　白色半透明塑料袋模拟烟雾模糊视线

图 8.10　楼梯逃生烟雾模拟

本次实验设置四个最不利点位逃生场景，分别选取图书馆 4 层东南、西南、东北、西北四个阅览区作为四次实验区域范围，以每个区域的最不利逃生点为起点，设计由该点至安全出口的安全逃生路径，记录四次路径实验的疏散时间、人群的疏散行为与图书馆现存安全问题。路径一（图 8.11）由图书馆 4 层西南角出发，经中庭西南角疏散楼梯至 1 层而逃离该建筑。由于原 1 层南门封堵，因此需从侧门进行逃离。路径二（图 8.12）从图书馆 4 层西北角出发，经中庭西北角疏散楼梯至 1 层，于北门逃离该建筑。路径三（图 8.13）从图书馆 4 层东北角出发，经中庭东北角疏散楼梯至 1 层，于北门逃离该建筑。路径四（图 8.14）从图书馆 4 层东南角出发，经中庭东南角疏散楼梯至 1 层，于南面侧门逃离该建筑。

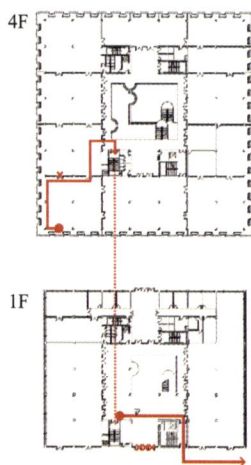
图 8.11　路径一

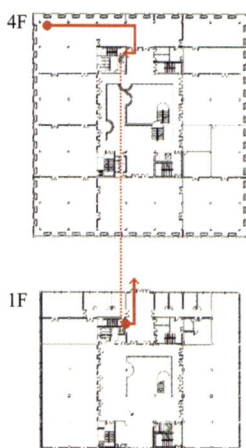
图 8.12　路径二

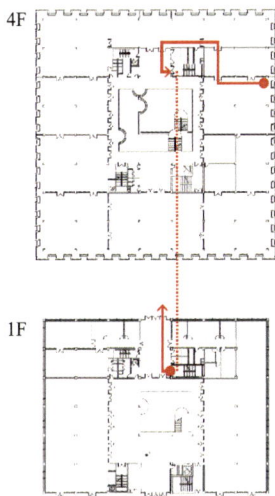

图 8.13　路径三

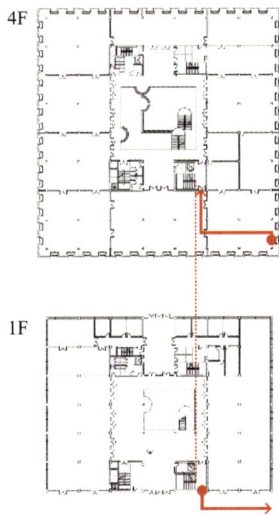

图 8.14　路径四

8.2.3　实验结果分析

图书馆类型建筑中存在着较为严重的火灾隐患问题与人员疏散问题。建筑内部存放着大量的书籍、报刊、音像资料、光盘资料等可燃物品，由于数量多、存放时间长而干燥且容易起火。同时，开放式阅览的空间布局将导致烟气快速蔓延，影响疏散人群的视野可见度，降低人群安全疏散效率，且书架间距狭小使得人群疏散速率下降，甚至在局部区域发生拥堵的情况。

本次实验的四个逃生场景中，皆出现了不利于疏散人员安全逃生的相关问题。

① 在西南角最不利点位逃生场景中，人员疏散至安全出口的时间为 1min55s。在真人疏散实验的过程中，实验人员发现由于书架高耸导致人员的视野受阻，人员无法识别"安全出口"标识而找不到逃生方向，降低了安全逃生的速率。由于火灾烟气聚集于空间上部，将导致高处安全指示标志无法识别，而靠近地面处缺乏安全指示标志，将导致人员难以寻路。部分疏散口为便于平时的管理而上锁，将导致人员在逃生时的重复折返。少数书架的摆放不合理，会阻碍人员的疏散。

② 在西北角最不利点位逃生场景中，人员疏散至安全出口的时间为 1min30s。在该实验过程中，同样出现了由于书架高耸导致人员的视野受阻的问题。用于人员逃生的消防楼梯宽度不足，导致出现人群堵塞的现象。在人员逃生过程中，路径上出现两扇防火门，且未给予明晰的标识而导致人员无法分辨正确的安全出口。

③ 在东北角最不利点位逃生场景中，人员疏散至安全出口的时间为 1min13s。在该实验

中书架依旧遮挡人员视野,这是该图书馆人员安全疏散的普遍问题,应加以解决。疏散标识地图中的路线与实际不符,将会给疏散人群带来误导,地图路径上的疏散口上锁,且未设置相应的安全标识。部分疏散口的防火门开向室内,不符合相关规范的规定。

④ 在东南角最不利点位逃生场景中,人员疏散至安全出口的时间为1min48s。在该实验过程中,出现防火门开启而占用疏散通道的问题,减少了通道的宽度并造成了一定的堵塞。疏散楼梯中转角处过于狭窄,使得疏散人员发生聚集,容易产生踩踏事件。

人员疏散时间及相关疏散风险总结如**表8.2**、**表8.3**所示。

表8.2 人员疏散时间统计

逃生场景	4F 疏散时间
场景一:西南角集体逃生	1min55s
场景二:西北角集体逃生	1min30s
场景三:东北角集体逃生	1min13s
场景四:东南角集体逃生	1min48s

表8.3 建筑现存疏散风险

逃生场景	现场图片	疏散风险
场景一: 西南角集体逃生		书架区域视线受阻,无法看见"安全出口"标识
		疏散口上锁,且无"安全出口"标识
		书架摆放于疏散方向上,影响疏散效率

逃生场景	现场图片	疏散风险
场景一：西南角集体逃生		安全出口指示牌多位于高处，靠近地面处缺乏标识
场景二：西北角集体逃生	 	书架区域视线受阻，无法看见"安全出口"标识 消防楼梯宽度不足，过道仅能容下一人 由于有两扇防火门，在黑暗的情况下无法判断安全出口在哪
场景三：东北角集体逃生		书架区域视线受阻，无法看见"安全出口"标识

逃生场景	现场图片	疏散风险
场景三：东北角集体逃生		疏散地图与实际情况不符
		设计中疏散口上锁，且无"安全出口"标识
		疏散口开口向室内，且平常只开一半，不利于人群疏散
场景四：东南角集体逃生		防火门占用通道，一定程度上减少了通道宽度
		楼梯间门向外开，遮挡向下楼梯口，造成疏散拥堵
		转角处人群聚集，容易发生踩踏事件

本次实验中的问题主要集中在书架的摆放、安全标识、疏散楼梯、疏散门等方面。总结如下：图书馆四层疏散至室外的时间基本上控制在 2min 以内。实验过程中，书架导致疏散视线受阻的问题较为普遍，应降低书架的高度与拓宽书架间的通道，满足人员逃生的需求。图书馆中安全出口标识普遍不够醒目，且位置较高，在火灾慌乱和浓烟的情况下容易造成误判，应在显眼位置妥善设置安全标识。西南方向疏散楼梯无法直通室外，需要重新进入中庭疏散，由安全区域再次进入不安全区，需重新规划楼梯出口区域的布局。部分疏散口上了双层锁，除此之外还有物理门闩，人们无法开启，应积极与管理人员沟通，打开门锁并转换管理方式。楼梯间门对外开有合理性，但开启时会堵住楼梯口，形成滞留聚集效应。部分疏散门后有书架堆积，影响疏散效率，对于不合理摆放的书架应及时撤离。

8.3　学生宿舍火灾安全疏散实验

8.3.1　实验场地概况

深圳大学聚翰斋（图 8.15）作为学生宿舍，虽然地理位置优越，但由于其较高的楼层和密集的居住人员，火灾风险不容忽视。如前文 7.3 节所述，聚翰斋共有 18 层，高度超过 50m，是深圳大学少数高度超 50m 的学生宿舍之一。较高的楼层在火灾发生时会给学生的疏散带来一定困难。此外，学生宿舍内存放大量衣物、被褥、书籍等可燃物品，一旦起火，火势蔓延迅速，容易造成较大损失。同时，宿舍楼内人员密集但疏散通道相对有限，容易造成拥堵。

图 8.15　深圳大学聚翰斋

8.3.2 实验策划

本次实验以探究火灾发生时在宿舍楼中不同因素对逃生速度的影响为目标，以深圳大学聚翰斋 7 层与 18 层作为实验研究对象，由此进行真人疏散实验。实验中设置的变量为逃生路径、可见度情况以及个人原因情况。实验人员采用墨镜 /3D 眼镜覆盖塑料膜以模拟烟雾环境，通过覆盖塑料薄膜的厚度来模拟可见度好坏的情况；通过佩戴口罩 + 毛巾，模拟逃生时捂住口鼻逃生的状态。由于逃生环境为学生宿舍，对于实验中实验人员穿着状态进行对照组实验，分为拖鞋组和运动鞋组。同时，根据楼层高度分别设置长路径逃生（图 8.16）与短路径逃生（图 8.17）两个对照组进行实验。

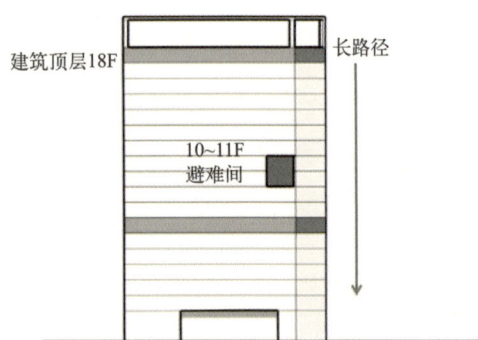

图 8.16　长路径场景示意

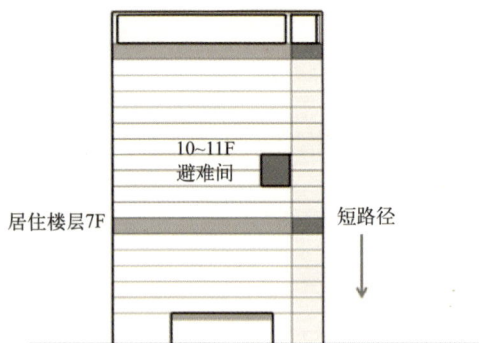

图 8.17　短路径场景示意

本次实验设置四个特殊逃生场景，分别为：人员在良好可见度环境下通过长路径进行疏散、人员在不良可见度环境下通过长路径进行疏散、人员在良好可见度环境下通过短路径进行疏散、人员在不良可见度环境下通过短路径进行疏散。获取四次特殊场景实验的疏散时间与该学生宿舍中现存的安全问题。

① 在人员在良好可见度环境下通过长路径进行疏散的场景中，实验安全疏散路径为 18F 至 1F 地面层，实验人员佩戴覆盖薄塑料膜的眼镜，以模拟较长逃生路径与良好可见度下人员的逃生情况。

② 在人员在不良可见度环境下通过长路径进行疏散的场景中，实验安全疏散路径为 18F 至 1F 地面层，实验人员佩戴覆盖厚塑料膜的眼镜，以模拟较长逃生路径与差可见度下人员的逃生情况。

③ 在人员在良好可见度环境下通过短路径进行疏散的场景中，实验安全疏散路径为 7F 至 1F 地面层，实验人员佩戴覆盖薄塑料膜的眼镜，以模拟较短逃生路径与良好可见度下人员的逃生情况。

④ 在人员在不良可见度环境下通过短路径进行疏散的场景中，实验安全疏散路径为 7F 至 1F 地面层，实验人员佩戴覆盖厚塑料膜的眼镜，以模拟较短逃生路径与差可见度下人员的逃生情况。

8.3.3　实验结果分析

本次实验模拟分析了四种不同的特殊逃生场景，在逃生路径、可见度、人员穿着三种变量的影响下，结果呈现出较大差别。

① 在场景一（长路径与良好可见度）中，穿着拖鞋的实验人员疏散时间为 4min26s，而运动鞋组的实验人员疏散时间为 3min15s。

② 在场景二（长路径与差可见度）中，穿着拖鞋的实验人员疏散时间为 5min16s，而运动鞋组的实验人员疏散时间为 4min45s，所用时间有所减少。

③ 在场景三（短路径与良好可见度）中，穿着拖鞋的实验人员疏散时间为 1min40s，而运动鞋组的实验人员疏散时间为 1min17s。

④ 在场景四（短路径与差可见度）中，穿着拖鞋的实验人员疏散时间为 3min23s，而运动鞋组的实验人员疏散时间为 2min35s。

由表 8.4 可以看出，疏散距离相同的情况下，可见度越差，疏散时间越长；长疏散距离的情况下，可见度越差，个体疏散差异被缩小；短疏散距离的情况下，可见度越差，个体疏散差异被放大。在实验过程中，实验人员发现了建筑中对人员疏散不利的现存问题，如：眩光导致路段不易看清，使得人员对台阶与台阶的区分不明显，在烟雾模拟情况下容易导致人员摔倒；楼道杂物随意堆放、楼道灯长时间关闭，使得人员在烟雾条件状态下易撞到杂物，而影响逃生进程。宿舍安全逃生场景如图 8.18 所示。

图 8.18　宿舍安全逃生场景

表 8.4　人员疏散时间统计

逃生场景	实验组	疏散时间
场景一：长路径与良好可见度	拖鞋组	4min26s
	运动鞋组	3min15s
场景二：长路径与差可见度	拖鞋组	5min16s
	运动鞋组	4min45s
场景三：短路径与良好可见度	拖鞋组	1min40s
	运动鞋组	1min17s
场景四：短路径与差可见度	拖鞋组	3min23s
	运动鞋组	2min35s

8.4　商业综合体火灾安全疏散实验

8.4.1　实验场地概况

深圳万象天地是位于深圳市南山区的一个集购物、餐饮、娱乐和文化于一体的大型商业综合体（图 8.19），以其独特的"街区＋商场"空间规划和众多国际品牌旗舰店而闻名，拥有丰富的业态和特色店铺。万象天地的商场部分，分为地下 3 层，地上 7 层，采用的是分层单通道动线设计。本次实验于万象天地商场部分的第 6 层开展，该场景中设有 29 个疏散出口，其中包括 18 个安全出口。

图 8.19　深圳万象天地

通过对实验场地的人员特征进行调研，对人群构成和人群密度进行了深入分析。根据图 8.20 的数据，青年人构成了实验场地人群的主体，其中女性略占多数。这一群体在火灾疏散与逃生过程中表现出较快的疏散速度，并显示出具备一定的安全疏散知识。相比之下，老年人和儿童在实验场地中所占比例较小，他们在火灾疏散与逃生中的速度相对较慢，因此需要额外的人员辅助以确保他们的安全疏散。通过表 8.5，可以看到地上 2 层的人员密度最高。而本次实验场地为地上 6 层，其人员密度为 0.042 人 /m²，这一数值位于整体人员密度的较低水平。在进行疏散规划时，需要特别关注人员密度较高的区域，以优化疏散流程并减少拥堵，确保所有人员都能迅速且安全地撤离。

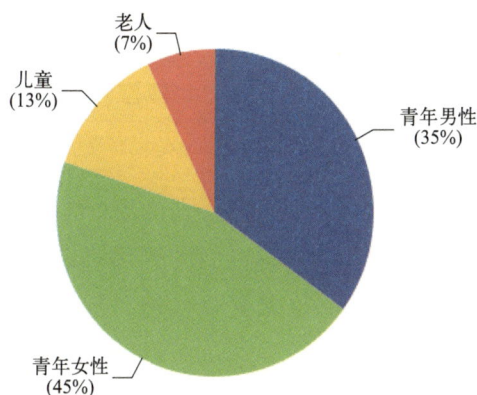

图 8.20　实验场地人群构成

表 8.5　商场人员数量

楼层	人员密度 /（人 /m²）	人员数目 / 人
地下 1 层	0.060	360
地上 1 层	0.057	346
地上 2 层	0.063	375
地上 3 层	0.054	324
地上 4 层	0.042	252
地上 5 层	0.041	248
地上 6 层	0.042	257

8.4.2　实验策划

本次实验以评估在商场建筑中不同逃生点位对逃生速度的影响为目标，以万象天地商场地上 6 层作为实验研究对象，由此进行真人疏散实验。实验时间选取在某商场日间人流量最大时间点，实验参与人员为四名小组成员与一名志愿者。实验人员分别扮演顾客、员工、特殊人群（老人、残疾人、儿童、孕妇），并利用泡泡纸遮挡眼睛或利用水雾喷湿眼镜来模拟火灾时视线受阻的情况。旨在通过本次模拟实验，确定防火隔断、疏散通道和消防设备的布置位置，发现疏散过程中的隐患，以提高人员在火灾中的逃生效率，降低火灾风险，提高商场建筑的安全性。

本次实验将设置三个特殊火灾场景，分别模拟人员由中庭至疏散出口、人员由商铺至疏散出口、人员逃生时因楼梯间受阻而折返逃生的过程，获取三次特殊场景实验的疏散时间与该商场中现存的安全问题。实验场景一（图 8.21）模拟商场中庭与店铺起火时，顾客与特殊人群的安全疏散逃生：实验人员从 6 层某一店铺出发，经最近疏散楼梯到 1 层逃离至室外。实验场景二（图 8.22）模拟商场中庭与店铺起火时，员工的安全疏散逃生：实验人员从 6 层某一员工通道出发，经最近疏散楼梯到 1 层逃离至室外。实验场景三（图 8.23）模拟商场楼梯间堵塞时，顾客的安全疏散逃生，且出现楼梯间遭物品堵塞而不可使用，部分顾客出现折返的情况：实验人员先寻找最近疏散楼梯，后由于模拟该楼梯无法使用，实验人员需另寻疏散楼梯疏散至 1 层逃离至室外。

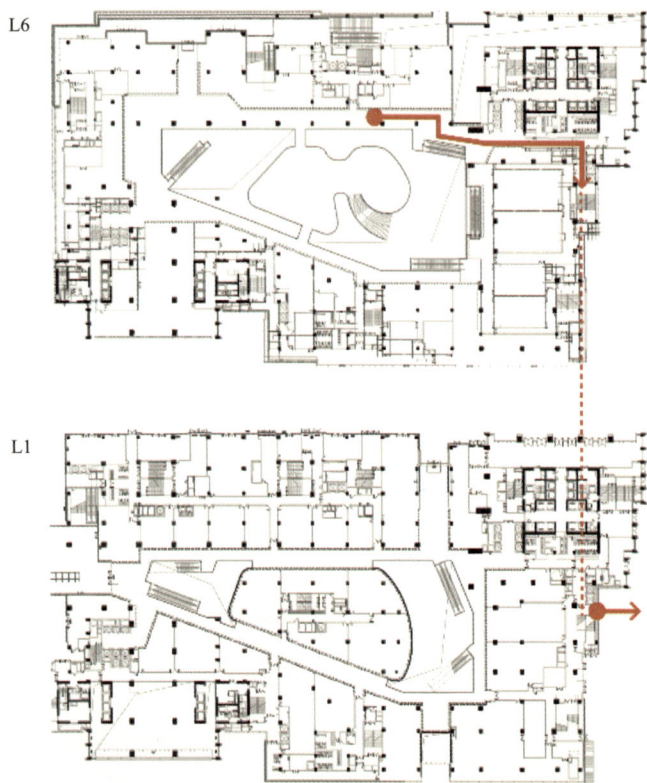

图 8.21　场景一疏散路线

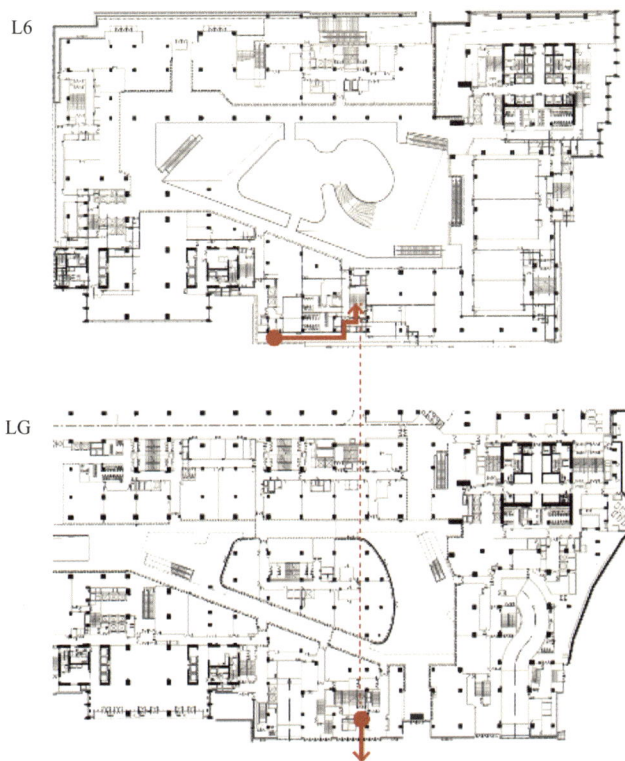

图 8.22　场景二疏散路线

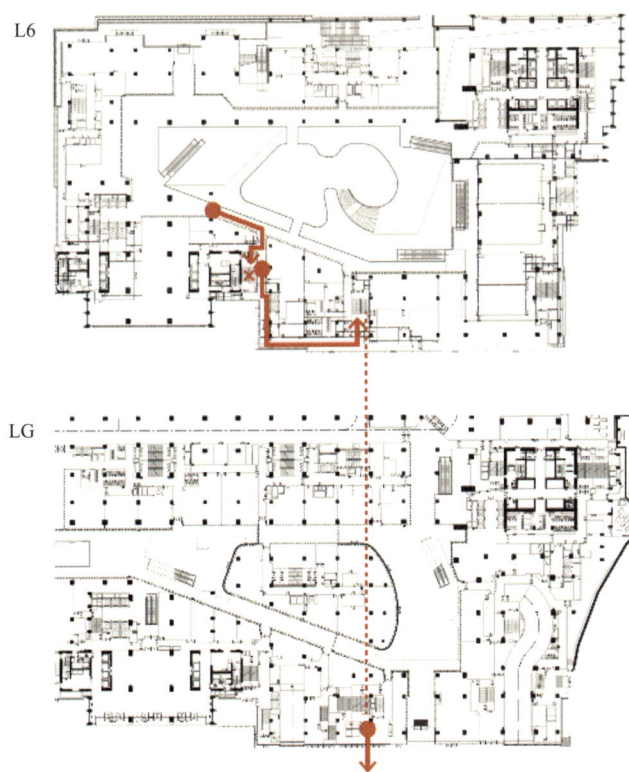

图 8.23　场景三疏散路线

8.4.3 实验结果分析

商业建筑由于其人员高度集中，可燃商品数量多，用火、用电、用气设备分布广泛且数量多等原因，具备较大的火灾危险性。同时，开放的商业空间容易导致烟气的快速蔓延，影响商场疏散人员的疏散效率。

① 在本次实验的场景一中，普通顾客的模拟疏散时间为 2min27s，而特殊人群的模拟疏散时间为 3min20s。在火灾发展时，对于特殊人群需给予相应的辅助。在疏散过程中，实验人员发现部分安全疏散口被人为上锁，此举将造成人群折返寻路，不利于人群的疏散。同时，疏散路径上存在较多障碍物，使得人群疏散速度减慢，甚至摔倒引起人群的踩踏。

② 在场景二中，员工的模拟疏散时间为 1min44s，可以看出更为熟悉场地的人群，能够在更短时间内安全逃生。疏散过程中，实验人员遇到多数防火门分布密集而指示标识不清晰的情况，容易对人群造成误导。

③ 在场景三中，折返顾客的模拟疏散时间为 3min19s，可以发现若场地发生堵塞等情况，将大大地增加其安全逃生的时间。实验人员发现部分疏散口的地面铺装存在不均匀凸起的情况，会引起人群的摔倒，若人群过多将产生拥挤，经过防火门会造成回弹，对后续人员造成伤害。

本次实验人员疏散时间如表 8.6 所示，实验过程所发现建筑现存疏散风险如表 8.7 所示。

表 8.6　人员疏散时间

逃生场景	人员	疏散时间
场景一	顾客	2min27s
	特殊人群	3min20s
场景二	员工	1min44s
场景三	顾客（发生折返情况）	3min19s

表 8.7　建筑现存疏散风险

逃生场景	现场图片	疏散风险
场景一		（1）一些安全出口被锁，需要指令才能打开。 （2）疏散路径中存在障碍物，会造成逃生速度减慢或者摔倒的情况发生
场景二		（1）一些疏散口分布密集，容易对慌乱逃生的人产生误导。 （2）不同的疏散通道通往同一个疏散口，对于不熟悉路线的人，或者浓烟环境下和心理状态慌乱的人会造成误导，使其错过疏散口

逃生场景	现场图片	疏散风险
场景三		（1）一些疏散口的地面铺装可能会绊倒人。 （2）逃生人员过多时会产生拥挤，可能造成疏散门回弹导致后方逃生人员逃生速度减慢或者受伤

课后思考题

探究身边还存在哪些安全疏散问题严峻的建筑，并根据本章学习的知识，进行安全疏散实验。

第9章 公共建筑火灾安全疏散虚拟仿真实验

9.1 剧院火灾安全疏散虚拟仿真实验

9.2 体育馆火灾安全疏散虚拟仿真实验

9.3 超高层综合体火灾安全疏散虚拟仿真实验

9.4 书店火灾安全疏散虚拟仿真实验

9.5 学生活动中心火灾安全疏散虚拟仿真实验

图表来源致谢如下：

图 9.1~图 9.8，　　　　　学生姓名：王艺霖、苏　曼、姚鑫杰；

图 9.9~图 9.19、表 9.1，　学生姓名：刘　睿、陈熙来、杨彩平；

图 9.20~图 9.32，　　　　学生姓名：殷嘉悦、刘　涛；

图 9.33~图 9.41，　　　　学生姓名：冯乐乐、邓泳霖、刘琼蔓；

图 9.42~图 9.48，　　　　学生姓名：曾楚晴、江　水、陈泽方。

9.1　剧院火灾安全疏散虚拟仿真实验

9.1.1　剧院建筑疏散问题

对于公众聚集程度较高的剧院来说，一旦危机降临，观众疏散的有序性与可控性尤为重要。剧院安全疏散的主要对象是观众，这一群体人员构成复杂，对观演场所结构布局陌生。由于剧院建筑中的种种问题，潜在的疏散隐患较多，举例如下。

① 常闭防火门可能由于种种人为原因无法闭合，失去防火分隔作用，导致高温烟气过早蔓延至观众疏散区域，疏散通道由于各种剧院物品的堆放导致空间狭窄甚至无法通行。

② 剧院和其他大空间一样，都具有空间高大这一特征。在剧场观众厅设计中，为了追求声学效果，一般会设置吊顶，吊顶之上与结构层之间往往还存在大体积空腔，在一定程度上与吊顶下部的观众厅空间连通。地面一般会起坡，剧场观众厅的净宽相对较小，发生火灾时人员通过座椅区中间和两侧的走道向厅外进行疏散，所需的疏散时间更长。

③ 为了实现绚丽的舞台效果，剧场会有舞台转换、光线、声音条件等需求，通常会有较多的灯光线路、机械设备，在演出过程中舞台上还需要启用大量各式灯具，一方面巨大的用电量容易造成电压过载，另一方面如果安装不良，还容易造成漏电问题。且随服役时间的增加，很多电路会发生老化，造成短路等危险情况而引发火灾。

④ 剧场内部的很多构造物采用的都是可燃材料。除去《剧场建筑设计规范》（JGJ 57—2016）明确规定的必须采用阻燃材料的部分，还存在很多其他的活动性的可燃材料。另外，如门窗帘、顶棚格栅、场景切换需要的幕布、舞台地板、地毯、观众席的座椅等也都是可燃材料。有的表演为了增加表现力和舞台效果，还会用到烟花等易燃品，会大大提高发生火灾的可能性。

⑤ 供氧条件充分，连接内部空间与外界空间的交通通道比较多，发生火灾时会得到很大的外界氧气补充，容易形成"燃料支配型"燃烧现象从而发展成大规模火灾。

9.1.2　实验方案

本次实验采用 VR 设备及 Mars 软件里的动画与烟气模拟效果，使实验参与者能真实地模拟在建筑中遇到火灾时逃生的情况，从而发现并认识到可能存在的问题，在之后的设计中更加重视并采取措施改善。

本次实验采用了蛇口影剧院的模型，如图 9.1 与图 9.2 所示。设置 3 名实验人员参与到模拟逃生的过程，如图 9.3 所示。实验中实验人员于剧院观众区尝试从不同出口向外逃生。有两位实验人员对该建筑并无了解，预计逃生时间较长。但实验中不包含对人群的模拟，所以预计的逃生时间又会比实际逃生时有所缩短。且实验时无法充分代入火场中的人员的心态，因此实验结果会与实际情况存在误差。

9.1.3　实验过程及方法

（1）模型准备

对蛇口影剧院的三维模型进行优化处理，以确保其在虚拟平台中的表现符合实验要求，如图 9.1 所示。具体操作包括清理未使用的材质和图层，避免冗余信息干扰实验过程；将模型单位统一转换为厘米，便于后续精确操作；检查并修正模型的正反面，确保模型的正确性和完整性；根据模型材质特点，调整 UV 尺寸，使材质纹理在 Mars 软件中能够准确呈现，为后续的烟雾模拟和逃生体验提供准确的视觉基础。

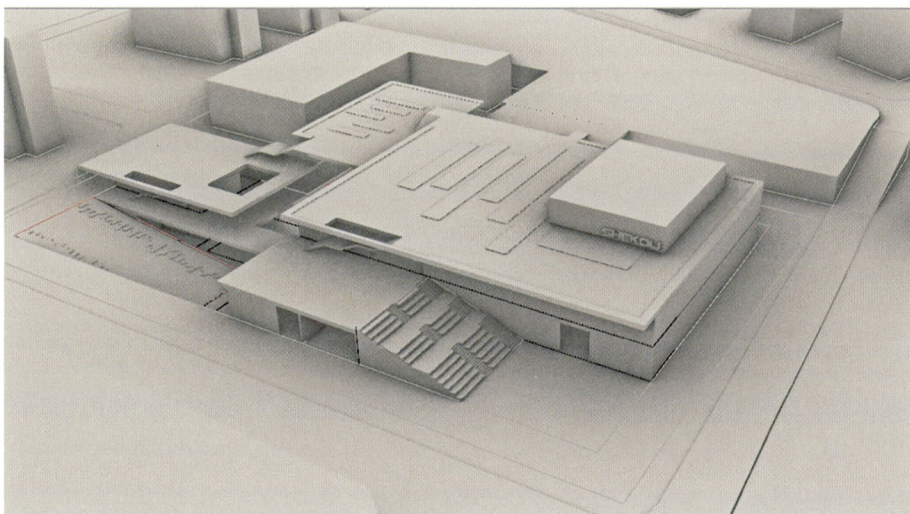

图 9.1　实验建筑原型：蛇口影剧院

（2）虚拟平台设置

在 Mars 软件中，对模型进行进一步的设置和调整，以实现逼真的火灾逃生场景。通过软件的参数设置功能，模拟火灾发生时的烟雾扩散效果，如图 9.2 所示，使实验参与者能够真实感受到火灾现场的紧迫感和危险性。同时，根据实验需求，设置不同的逃生起点和终点，为实验参与者提供多样化的逃生路径选择，以更全面地评估剧院的疏散设计。

图 9.2　虚拟平台烟雾模拟

（3）逃生模拟

实验参与者通过 VR 设备进入虚拟的剧院场景，分别扮演观众和演员两种角色，从不同的位置开始逃生，如图 9.3 所示。在模拟过程中，记录每位参与者从起始位置到安全区域的路径选择以及在逃生过程中的停留和犹豫情况。通过多次模拟，收集不同条件下的逃生数据，为后续的分析和优化提供依据。

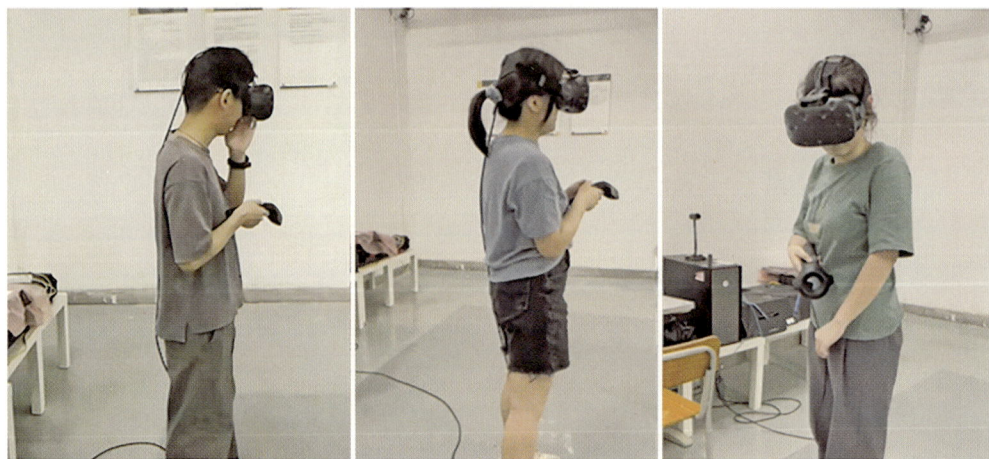

图 9.3　虚拟平台体验过程

9.1.4　实验结果分析及设计优化

9.1.4.1　逃生总时长

本次实验中，人员 A、B 分别在半地下的剧场扮演座位席上的观众与舞台上的演员进行逃生，起火位置设置于剧场舞台的台口处，如图 9.4 所示。

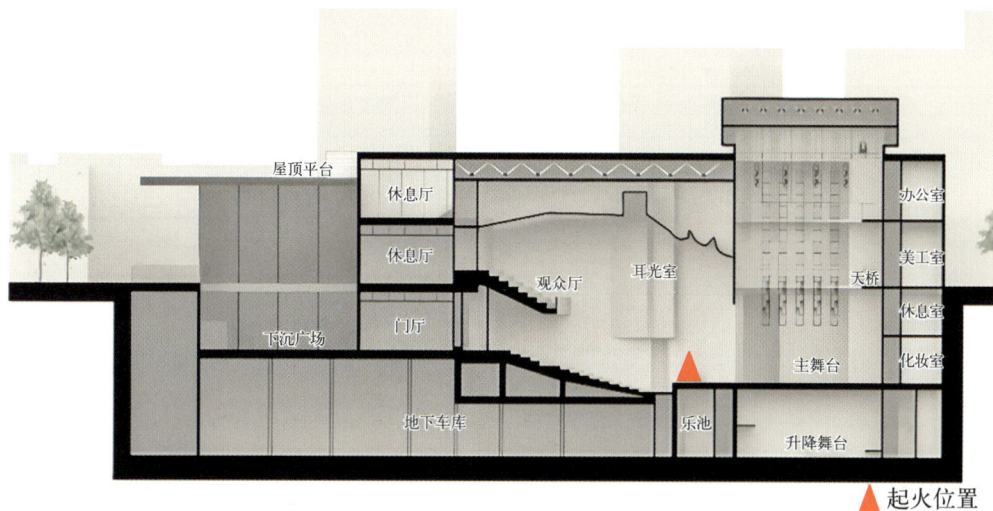

图 9.4 起火位置示意

人员 A 在观众席进行了两次逃生，第一次通过后排控制室旁边的门疏散至门厅，再通过下沉庭院的楼梯到达室外，总用时 16s；第二次通过台口旁边的侧门疏散至门厅，再通过下沉庭院的楼梯到达室外，总用时 21s。

人员 B 从舞台返回后台后，由于各个后台空间组合较为复杂，且是第一次进入，所以耗时较长，其从后台找到疏散楼梯耗时 1min7s，从疏散楼梯向上走到屋顶平台耗时 31s，从屋顶平台抵达地面又耗时 13s，总耗时 1min51s。

但是由于在 Mars 模型中的移动速度，远超真实速度，且剧场人流量大，会有集聚效应，所以在真实环境下耗时会更久。

9.1.4.2 逃生路径

本实验模拟了观众 A 从室外进入剧场的过程，所以在台口起火后，可按记忆沿着进入的路线疏散，整个剧场对观众而言，空间与流线明晰，疏散用时短。观众 A 的两次疏散路线如图 9.5 所示。

演员 B 处于起火台口位置，其从侧台逃向疏散楼梯的过程中由于没有疏散指引，进入后台后迷失在南侧的各个房间，最后才发现北侧的疏散楼梯并向上疏散。在到达 2 层平台后，演员 B 由于视线首先投向西侧所以忽略了东侧向下的大台阶，导致其先从室内楼梯下到连廊，又上到大台阶的平台之后再下楼，延长了疏散时间。

演员 B 的正确逃生路径如图 9.6 中浅红色实线所示,实际模拟的情况为红色实线,红色虚线为因寻路犹豫所停留的路径。

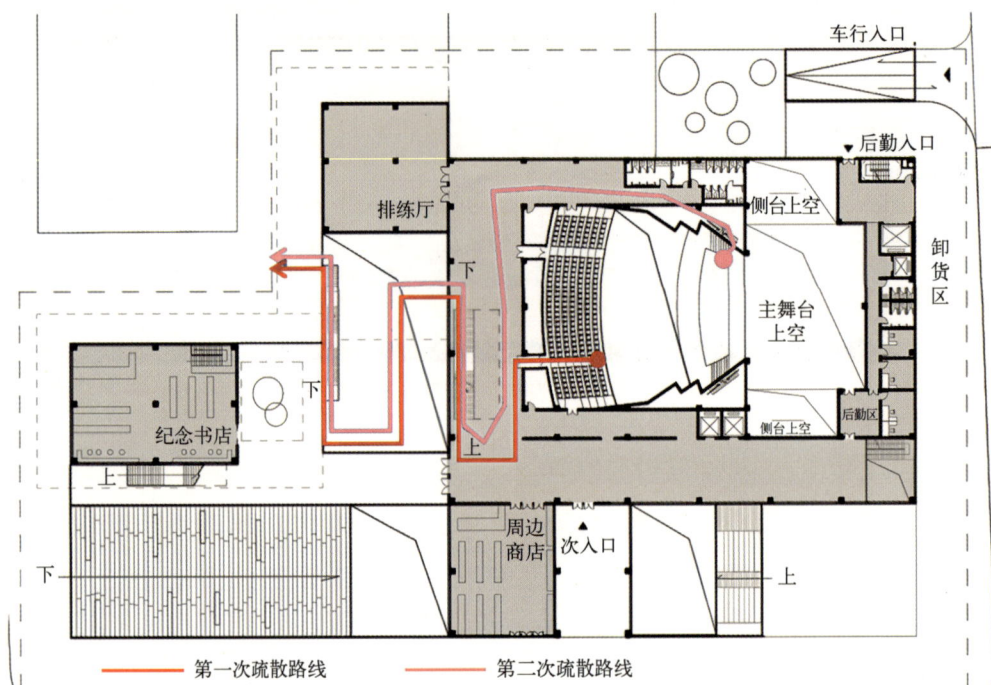

图 9.5 观众 A 疏散路线

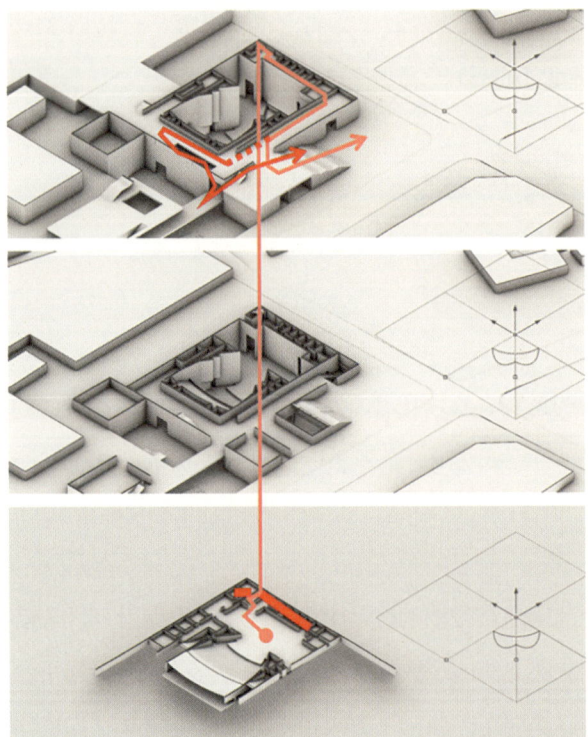

(a) 轴测疏散路线

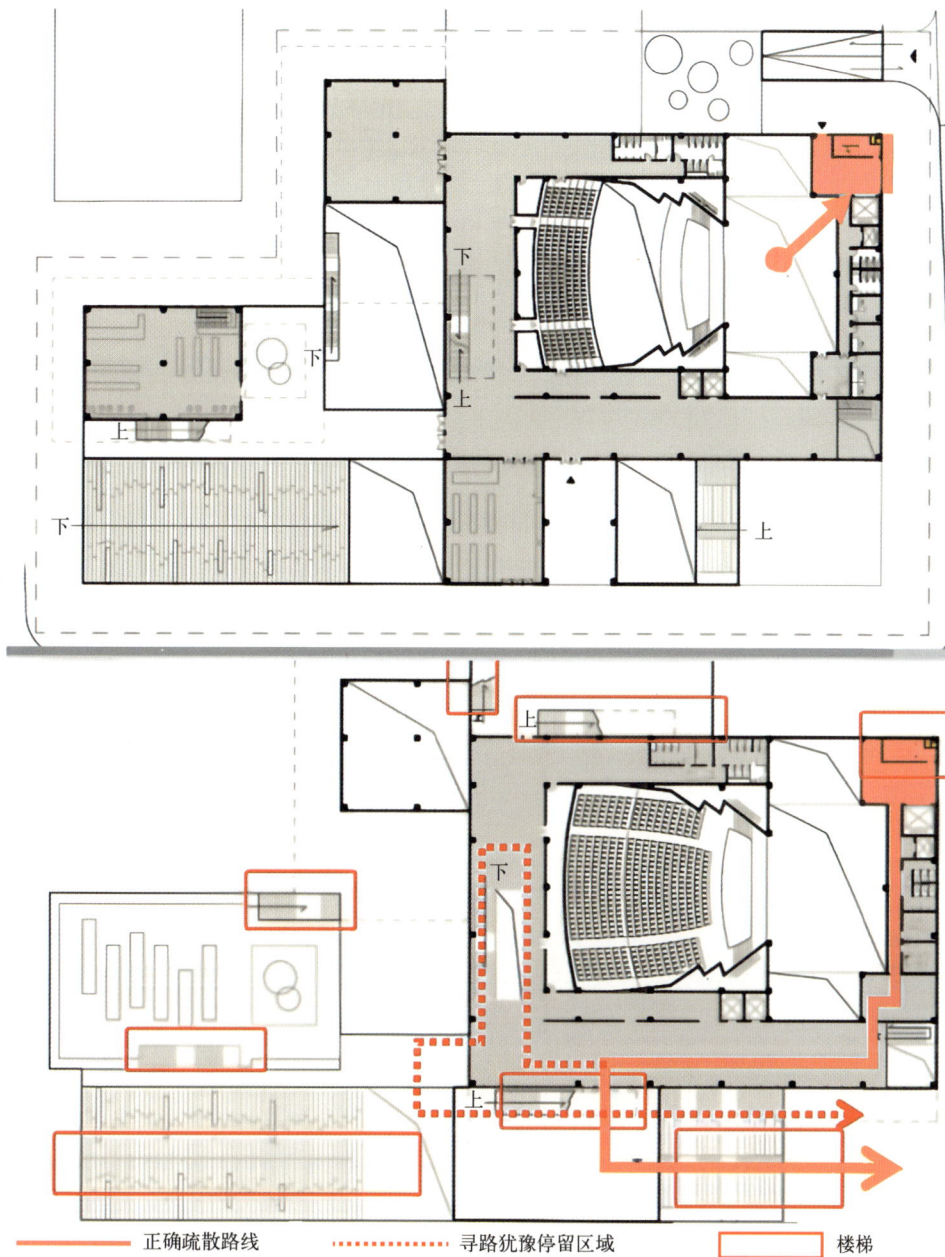

正确疏散路线 ――――― 寻路犹豫停留区域 ·········· 楼梯 □

(b) 平面疏散路线

图 9.6 演员 B 疏散路线

9.1.4.3 停留区域

观众 A 几乎没有在疏散时停留，而是极快地沿着观演入场的路线疏散至地面安全区域。而演员 B 则是首先在首层寻找疏散楼梯时在后台有较长时间的停留，其次是在到达大平台前厅的位置时，有犹豫是向南疏散还是向北疏散。图 9.7 中的浅红色区域为演员 B 逃生时犹豫停留的区域。

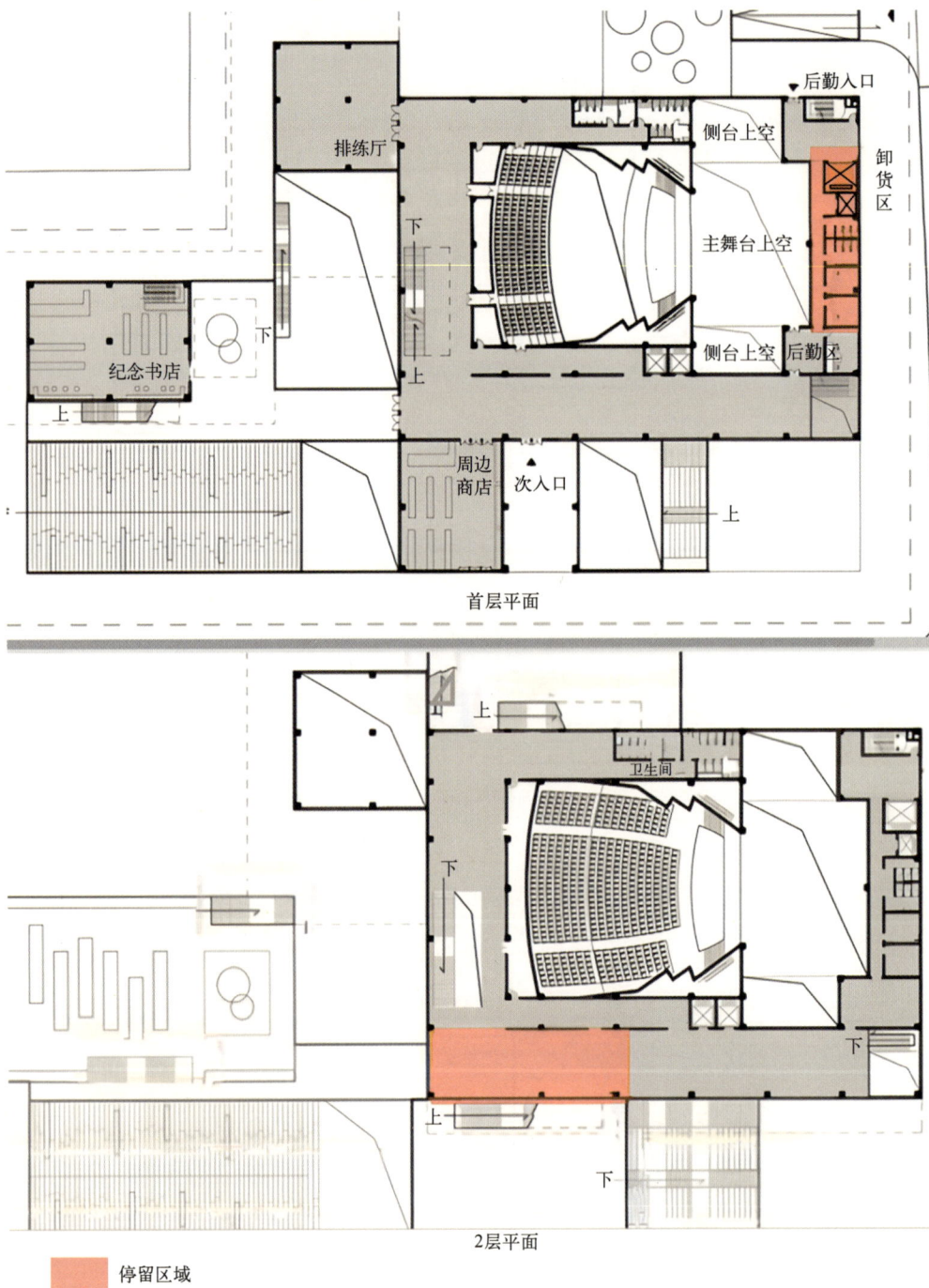

图中标注文字：

首层平面
- 排练厅
- 纪念书店
- 周边商店
- 次入口
- 主舞台上空
- 侧台上空
- 后勤入口
- 卸货区
- 后勤区
- 下 / 上

2层平面
- 卫生间
- 上 / 下

■ 停留区域

图 9.7　演员 B 逃生时的犹豫停留区域

9.1.4.4　寻路体验

观众 A 从西侧后门疏散时寻路体验极好，直接进入前厅的大空间；从南北侧门沿坡道抵达前厅的过程中，由于坡道空间较窄，所以导致寻路体验稍差。

演员 B 的寻路体验最为糟糕。首先遇到的问题是多次进入南侧的卫生间以及化妆间，没有很快找到疏散楼梯，所以有慌张的感觉。其次由于后台空间较高，在沿着疏散楼梯疏散时需要多次转弯，并且楼梯空间也很狭窄，所以在模拟时是有较强的压迫感的。到达大空间时虽有犹豫但是由于视线的通达与空间不再逼仄，这时压迫感减弱了很多。

如图 9.8 所示，红色 1 区域的压迫感极强，浅红色 2 区域的压迫感次之，红色最浅的 3 区域压迫感较弱。

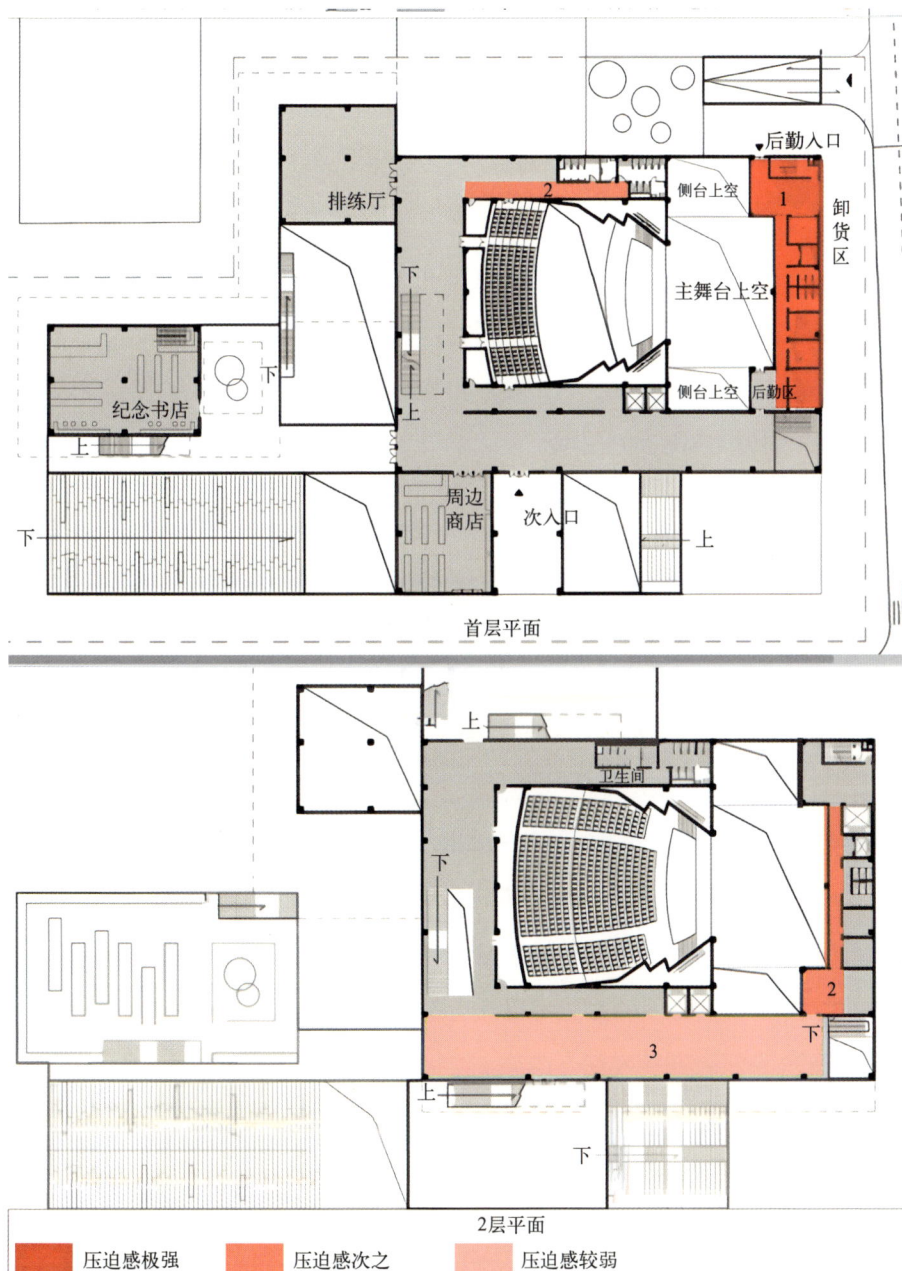

图 9.8　压迫区域

9.1.4.5　设计优化

本次实验的主要优化空间为后台区域的逃生路径。首先，模型在建立时没有设置门，并且没有疏散标识，所以人员在寻路过程中容易误入其他空间。所以在优化时有必要加入疏散标识来形成对疏散路径的指引。其次，疏散楼梯较为隐蔽，不易寻找，在优化时可以更改疏散楼梯开门的位置使其更为醒目。再次，疏散楼梯狭窄，即使满足了规范中人流量的规定，但是在慌乱中狭窄的封闭空间逃生者在心理上的压抑感是无法避免的，在优化时可以在扩大宽度的同时增加对外的采光，给人以心理上的安全感。最后，在图 9.7 所示 2 层平面的停留区域中，由于该区域的南侧出口外的室外疏散楼梯带来的压迫感，让人误认为南侧无法逃生，转而向北寻找出口，延长了处于室内的时间，在优化时可以转换该楼梯的方向，给逃生者以通向室外的引导感。

9.2　体育馆火灾安全疏散虚拟仿真实验

9.2.1　体育馆建筑疏散问题

体育馆建筑由于空间宽敞、设备齐全等特点，已经从原有的举办各类体育赛事、市民健身运动的场所逐步发展为建筑综合体，功能复合化与空间利用率最大化为体育建筑的疏散设计带来了更大的挑战，举例如下。

① 人员疏散困难。功能的复合化导致场所内人员构成复杂，包括运动员、观众、工作人员、各类服务人员等，在进行建筑疏散设计时需要考虑各类人员的疏散安全问题。

② 配套设施种类多，着火源多，易形成高温环境。体育馆建筑内部分布有大量配套设施，并且很多配套设施均设置有相应的管路、线路，促使体育馆建筑内部管路、线路纵横交错，进而导致可能引发火灾事故的根源也相对较多，火灾蔓延速度较快。体育馆建筑内设有大量的电气设备和照明灯具，用电量大，电气线路容易发生故障或过负荷，引起火灾。

③ 建筑空间跨度大、顶棚高，易使火势蔓延。

④ 装修量大、材料复杂，易产生有毒烟气。

⑤ 钢结构防火问题。体育馆建筑大多为大空间钢结构，受建筑功能和建筑外形等因素影响，导致结构形式复杂，且很难满足现行规范的结构防火要求。钢材虽然为非燃材料，

但钢材耐火性能很差，一旦发生火灾，钢结构防火保护措施不当时，钢结构很容易遭到破坏甚至倒塌。由于体育馆属于大型公共建筑，其结构倒塌不仅会造成严重的经济损失，更会造成巨大的社会影响。

⑥ 排烟问题。体育馆建筑由于其空间高大，有较大的连通空间，顶部与地面距离较大，这使得大空间观众厅像一个巨大的蓄烟舱，在发生火灾后的一段时间内能蓄积大量烟气。

9.2.2　实验方案

本实验通过 Mars 软件的模拟，使实验者在建筑模型中进行 3D 场景的仿真逃生，运用穿戴 VR 设备加强火灾真实体验，令实验者的身体和心理都更加贴合现实火灾情况，从而得到较为有意义的数据，使实验人员真正切身理解建筑疏散设计的重要性，并对建筑模型提出优化意见。

本次实验采用了一位同学的课程设计方案——某社区体育馆。因体育馆功能、人员构成复杂，故选择较为典型的运动人员和服务人员两种人员的可能逃生点与逃生路径进行实验。实验人员到建筑内部的相应功能空间选择一个比较不利的逃生点，不设定固定的逃生路线，而是由实验人员在内部根据情况自行选择路线，以获得更有针对性和更贴近真实情况的数据。本次逃生实验由不是体育馆设计者的人员 A 和 B 进行，以模拟不熟悉建筑逃生路线的运动人员和服务人员的逃生过程。由于体育馆造型以圆形为母题，路径也多为圆形，空间比较复杂，层高较高，预计人员 A 和 B 逃生可能会消耗较长的时间，不排除逃生失败的可能性。

9.2.3　实验过程及方法

（1）模型准备

对社区体育馆的三维模型进行优化处理，以确保其在虚拟平台中的表现符合实验要求。首先整理模型的门窗墙等建筑构件，确保其完整性和准确性；接着修改图层材质，避免纯白色或重名材质，以便导入 Mars 后能更简洁地区分不同材质，如图 9.9 所示；然后调整模型材质的 UV 尺寸，为后续在 Mars 中赋予更真实的材质效果做准备；此外，检查模型是否位于原点，便于导入 Mars 后能迅速定位模型。通过这一系列操作，为后续的虚拟仿真实验奠定了基础。

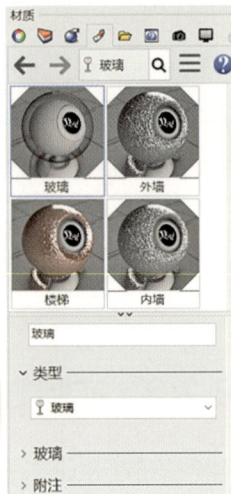

图 9.9　调整材质

（2）虚拟平台设置

将准备好的模型导入 Mars 软件，检查无误后进行材质赋予，使模型在虚拟环境中具有逼真的视觉效果。在配景—高级—高级功能中，放置可与人互动的平滑门等元素，并通过左下角的缩放菜单调节至合适尺寸，以增强场景的真实感。同时，在模型中加入安全通道标识以及火源、烟雾（图 9.10）等模拟真实效果的元素，其中火源设置 2 个，随机分布在建筑内；烟雾设置 4 项，分布在火源附近；大雾设置 2 项，覆盖整个建筑；障碍物随机设置（其中烟雾与火源直接相关，而大雾用于模拟更广泛的烟气扩散情况）；安全出口标识设置在逃生路线上以及出口处，为实验者提供明确的逃生指引，如表 9.1 所示。通过这些设置，构建了一个逼真的体育建筑火灾逃生场景，为实验的顺利进行提供了保障。

图 9.10　烟雾模拟

表 9.1　参数设置

项目	数量，位置
火源	2，随机
烟雾	4，火源附近
大雾	2，整个建筑
障碍物	随机
安全出口标识	逃生路线以及出口处

（3）逃生模拟

实验参与者通过 VR 设备进入虚拟的体育建筑场景，如图 9.11 所示。实验选择顶层（7
层）运动区、2 层球场、5 层餐饮区三个最不利点作为逃生起点，未设定固定的逃生路
线，而是由实验组员在内部根据情况自行选择路线，以获得更有针对性和更贴近真实的
情况数据。在模拟过程中，记录每位参与者从起始位置到安全区域的逃生时间、路径选
择以及在逃生过程中的停留和犹豫情况。通过多次模拟，收集不同条件下的逃生数据，
为后续的分析和优化提供依据。

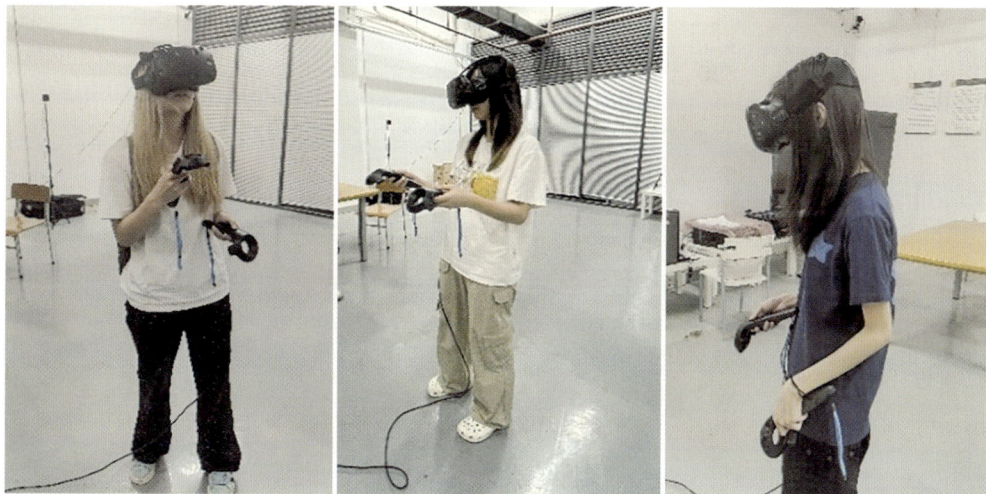

图 9.11　虚拟平台体验过程

9.2.4　实验结果分析及设计优化

（1）逃生总时长

在该体育馆中共选择三处最不利点进行实验，分别为顶层（7 层）运动区、2 层球场、
5 层餐饮区，如图 9.12 所示，实验人员 A、B 分别从三个逃生地点进行不同路径的

逃生。在逃生地点一中，从顶层逃生至1层室外空旷场地，人员A用时1min4s，人员B用时1min56s；在逃生地点二中，从2层逃生至1层室外空旷场地，人员A用时29s，人员B用时35s，在逃生地点三中，从5层逃生至1层室外空旷场地，人员A用时40s，人员B用时51s。在整个逃生过程中，由于A相比于B更加熟悉该模型楼梯间位置，并且整体建筑为圆形，以及另外还有一些对逃生不利的设计，导致人员B在寻找疏散楼梯时花费较多时间并且未能及时找到最近的疏散楼梯，逃生总时长偏大。

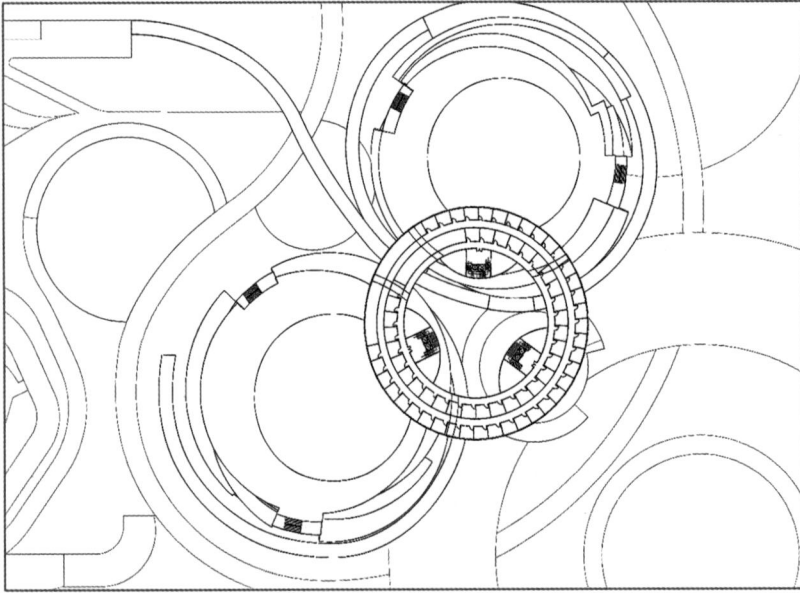

(a) 顶层(7层)运动区

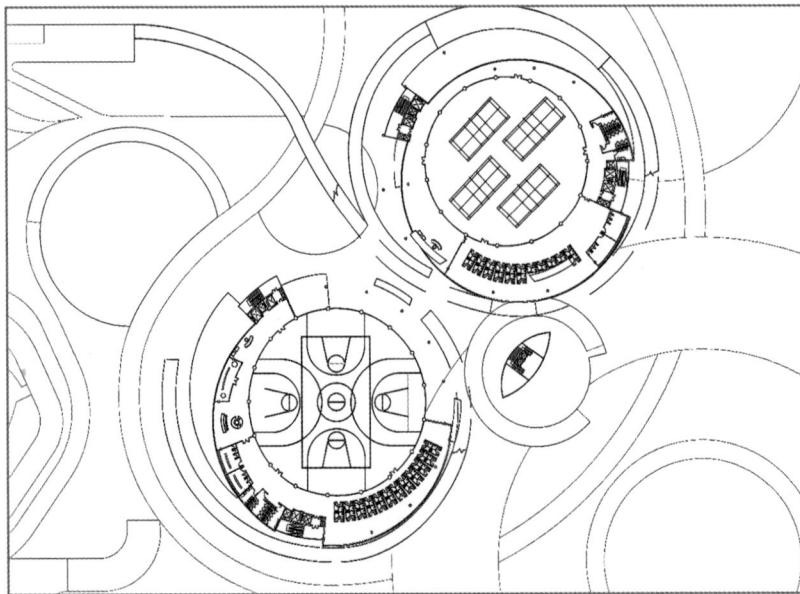

(b) 2层球场

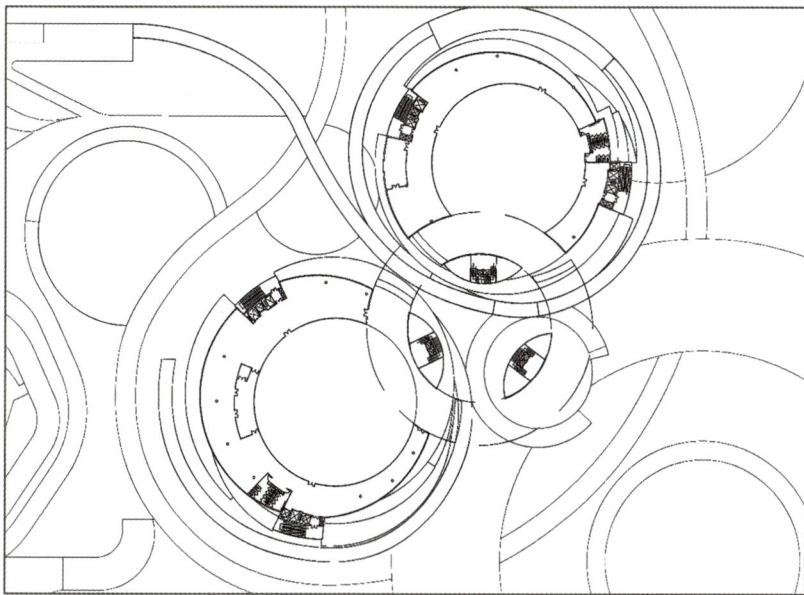

(c) 5层餐饮区

图 9.12　逃生地点

（2）逃生路径

① 逃生地点一：顶层（7 层）运动区。

顶层为一个环形空间，有两排轨道可移动房间以及两条狭窄通道，共有 3 个疏散楼梯，但仅有一个楼梯直接通向地面，另外两个通向左右两栋建筑。人员 A 对建筑较为熟悉，直接跑入内环道找到离自己最近的疏散楼梯，通过疏散楼梯跑到了右上方建筑楼 5 层，再顺着环道跑入下一个楼梯间前往 1 层，最终跑至室外空旷场地，用时 1min4s。逃生地点一场景下人员 A 逃生路径如图 9.13 所示。

人员 B 由于对建筑并不熟悉，并未进入内环通道，没有发现离自己最近的疏散楼梯，而是选择直接跑入中环通道，但跑至第二个直接通向 1 层的疏散楼梯时，楼梯间入口被可移动房间挡住，导致人员 B 不能进入，只能选择继续往前跑，直到跑到接近原点处，又由于靠近起火点不能通过，只能通过唯一一个出口又绕回内环，跑入疏散楼梯，再跑到左下方建筑楼 5 层，在 5 层中人员 B 并未绕环道进入楼梯间，而是直接向前跑入室外空间，在室外犹豫了一段时间才选择一个最近的出口进入疏散楼梯跑至 1 层室外空旷场地，用时 1min56s。逃生地点一场景下人员 B 逃生路径如图 9.14 所示。

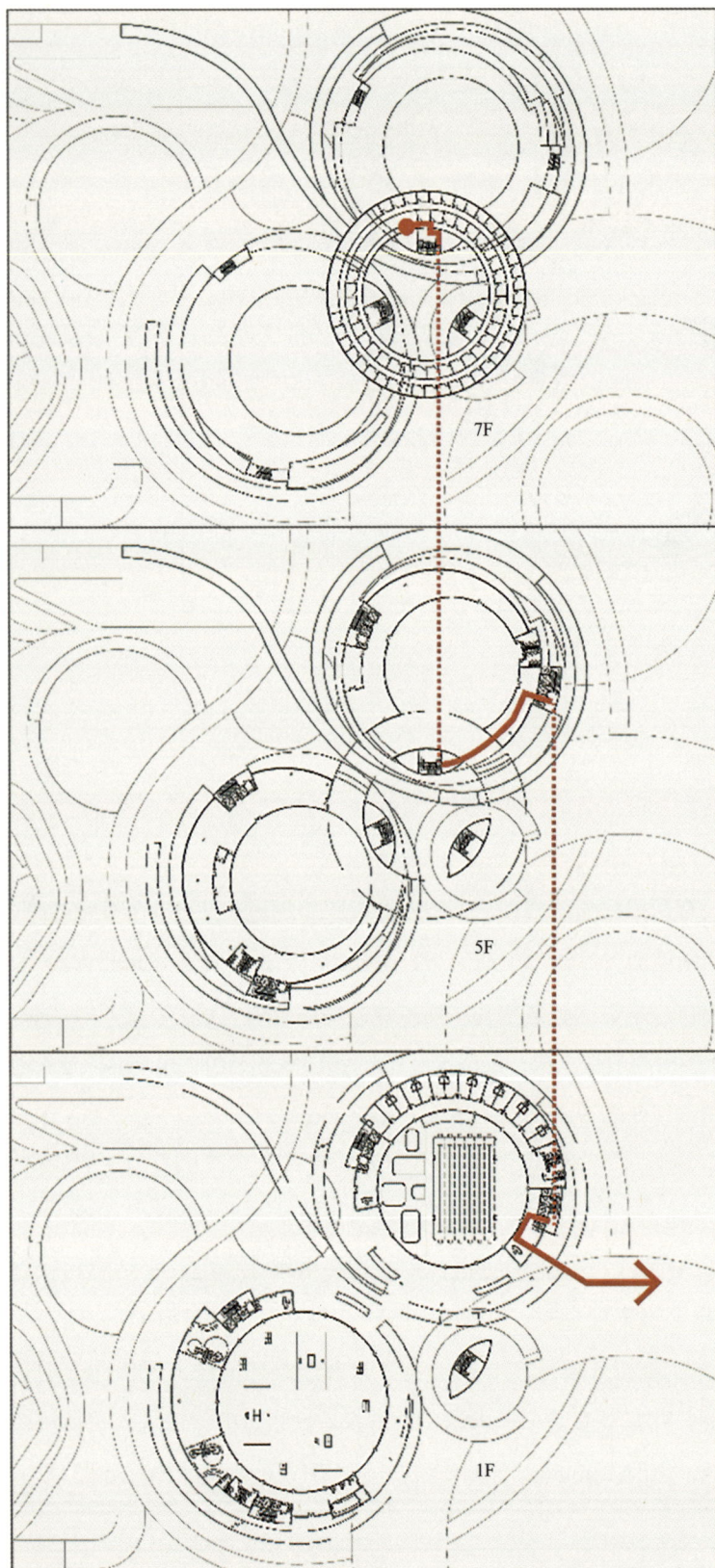

图 9.13　逃生地点一场景下人员 A 逃生路径

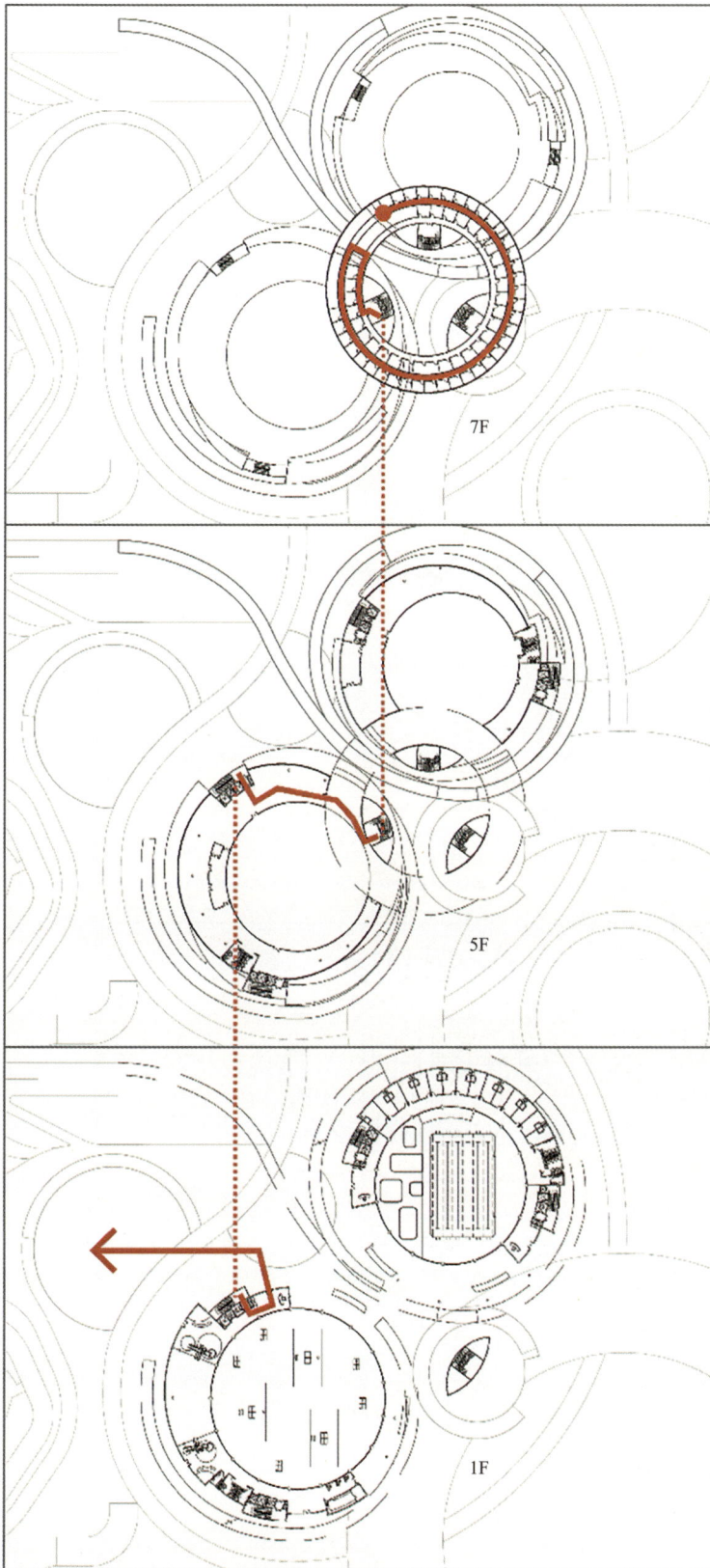

图 9.14 逃生地点一场景下人员 B 逃生路径

② 逃生地点二：2 层球场。

第 2 层为大空间篮球场，视线没有遮挡，并且房间出口直接通向疏散楼梯间入口，有利于疏散。

人员 A 在第 2 层发现火灾后直接选择跑向离自己最近的下行疏散楼梯，并且因楼层较低能够直接顺利跑向 1 层室外空旷场地，用时 29s，其逃生路径如图 9.15 所示。

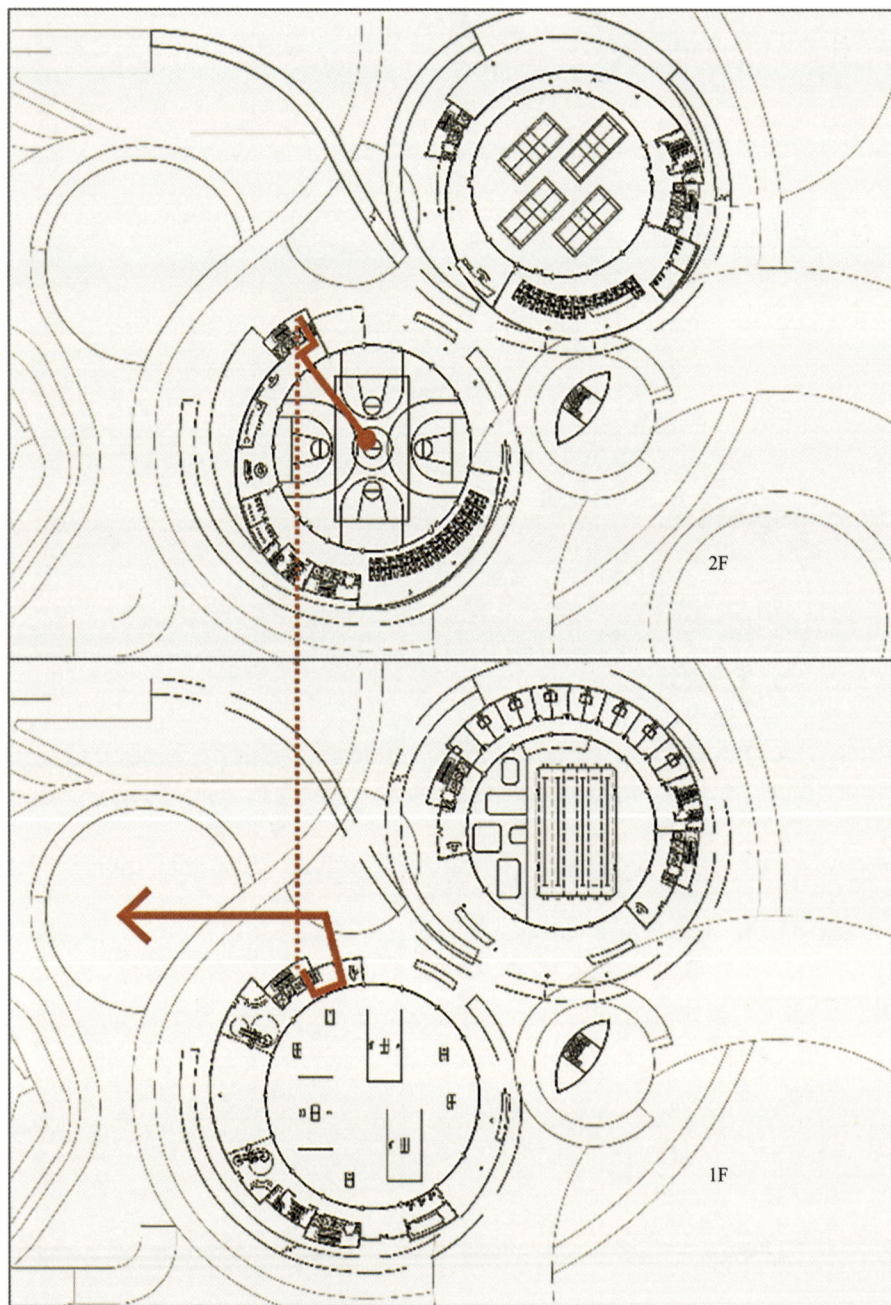

图 9.15　逃生地点二场景下人员 A 逃生路径

人员 B 在大空间篮球场中环视一周选择了离自己最近的下方房间出口，但由于标识不够清晰，无法一眼辨别出相邻的卫生间与疏散楼梯，人员 B 在进入走廊后犹豫了一段时间。辨认出疏散楼梯后，人员 B 顺利跑至 1 层室外空旷场地，用时 35s，其逃生路径如图 9.16 所示。

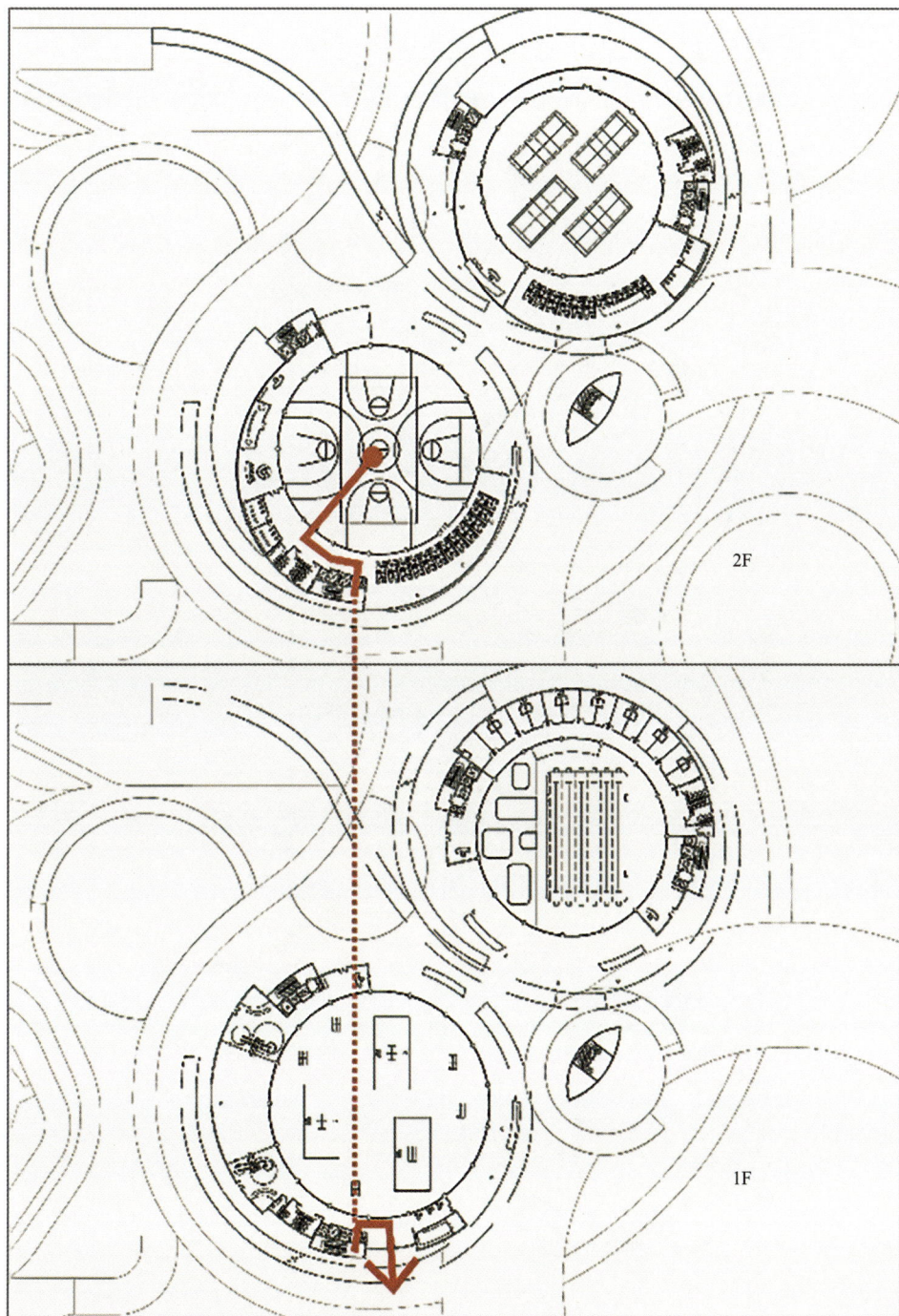

图 9.16　逃生地点二场景下人员 B 逃生路径

③ 逃生地点三：5 层餐饮区。

第 5 层为环形空间，中心为室外空间，有两处直通 1 层的楼梯间。

人员 A 在第 5 层发现火灾后选择跑向印象中最近的右方楼梯间，但由于厕所的阻断，没有走廊通向楼梯间，A 必须先跑出室外空间再绕回室内跑向楼梯间，再通向 1 层室外空旷场地，用时 40s，其逃生路径如图 9.17 所示。

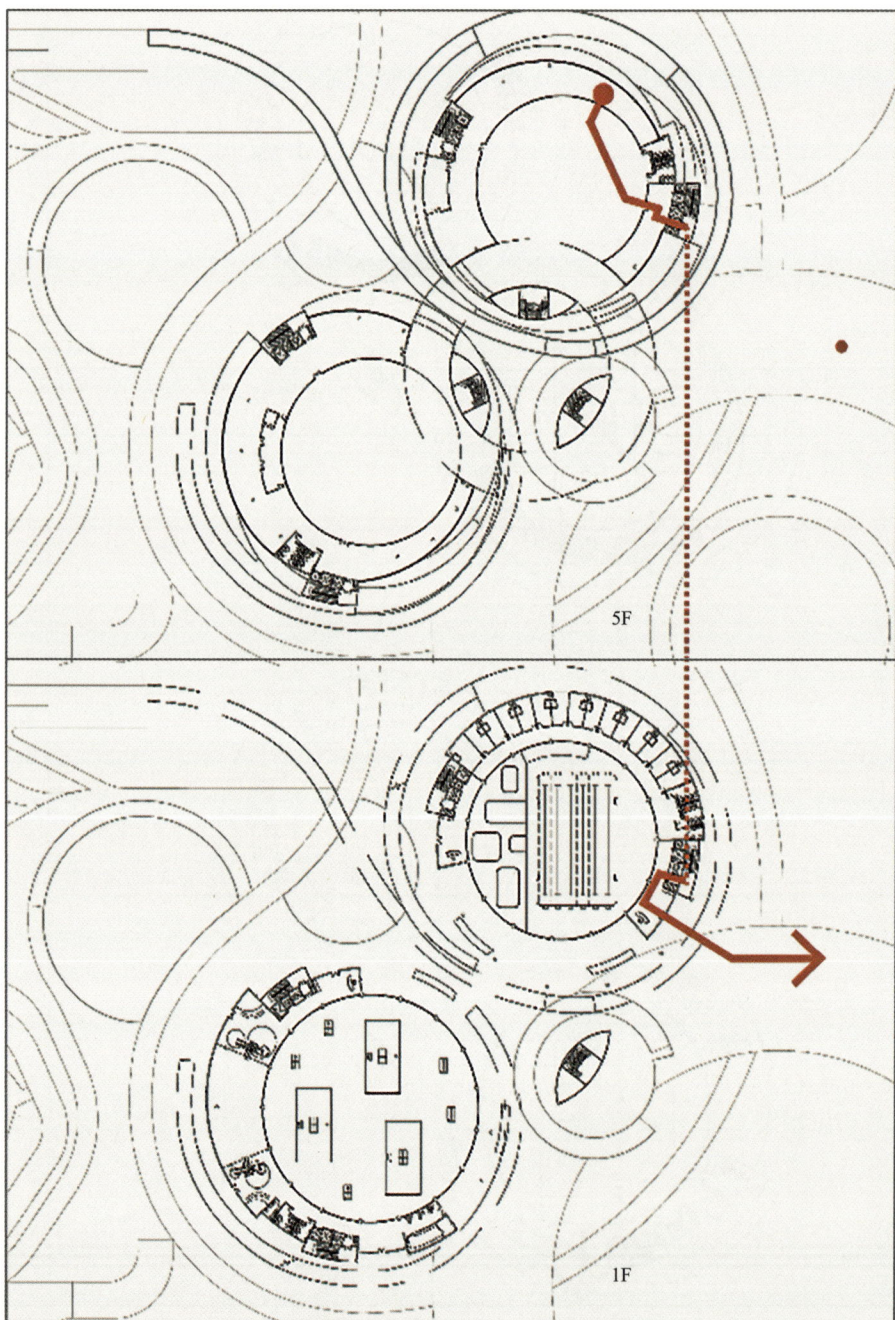

图 9.17　逃生地点三场景下人员 A 逃生路径

人员 B 由于对场地不熟悉，并不知道楼梯间位置，在第 5 层发现火灾后左右环视，发现一侧没有路后直接向另一侧走廊一直向前跑，直到看到左侧楼梯间后直接跑至 1 层室外空旷场地，用时 51s，其逃生路径如图 9.18 所示。

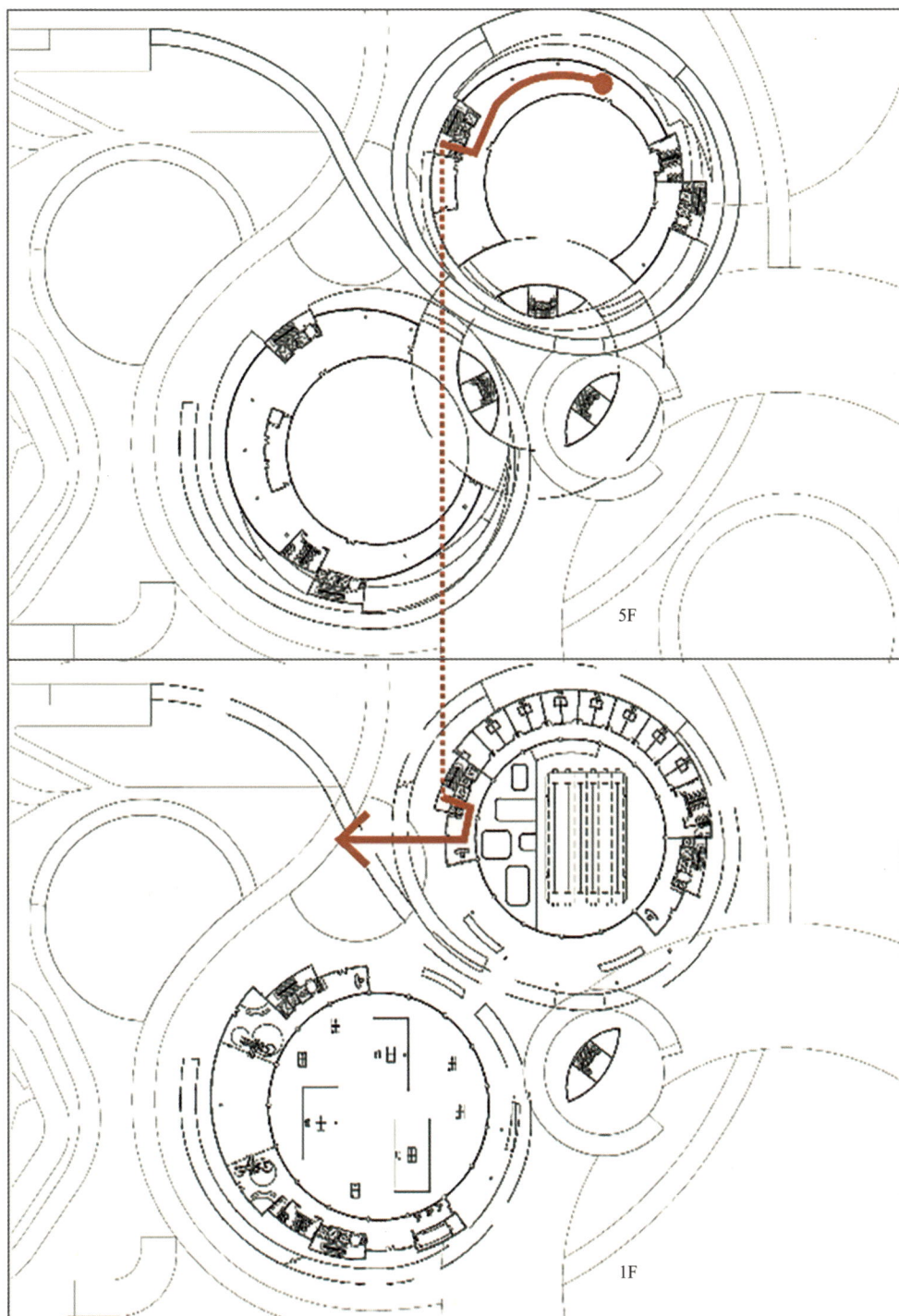

图 9.18　逃生地点三场景下人员 B 逃生路径

（3）停留区域

体育馆能跑至 1 层的 5 个疏散楼梯间都直接与室外场地相连，因此逃生人员只要能找到正确的楼梯间后基本能顺利逃生至室外空旷场地。相应停留区域如图 9.19 所示。

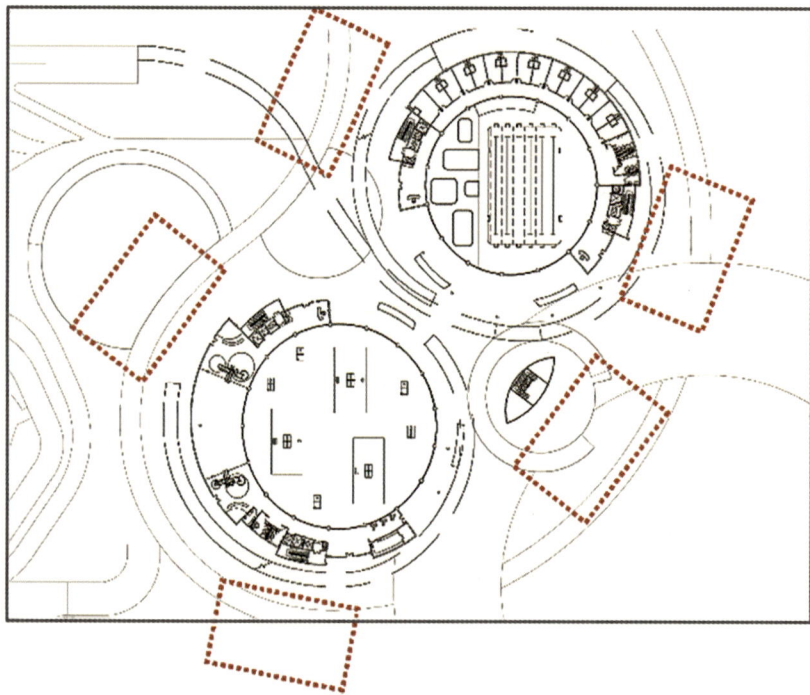

图 9.19 停留区域

（4）寻路体验

在实验过程中，人员 B 不熟悉整个体育馆的平面布局以及楼梯间位置，由于建筑内部开门位置或指示标识并不完善，导致无法找到距离最近的楼梯间，经常遇到需要绕很大一圈的情况。并且整个体育馆为圆形建筑，在里面逃生时经常会出现无法分辨方向、找不到楼梯间等情况，有时还会绕回原点，这时就属于较为严重的逃生失败。总体而言，人员 B 需要花费大量时间辨别和思考逃生路径，大大增加了逃生时间。人员 A 虽然更加熟悉整个建筑，相比于人员 B 能快速找到距离自己较近的疏散楼梯，但由于建筑一些不合理的平面设计，也会使得人员 A 被迫绕路，出现一些不合理的逃生路径，增加了逃生时间。

（5）优化设计

本次实验主要发现了该建筑在防火逃生中出现的几个问题：由于本次选择体育馆的形状由圆环组成，人员容易绕着圆弧迷失方位，导致走很长的路，尤其是顶层的圆环，由于设计为可移动滑轨箱体，导致人能通行的走廊宽度很窄，并且某些房间直接挡住了安全出口，导致实验时人员 B 不能立即找到疏散楼梯，甚至绕了一整圈绕回原点，大大增加了逃生时间，其不符合消防规范，非常危险。顶层的圆环虽然布置了 3 个疏散楼梯，但只有一个直接落地，其他两个楼梯需要下到 5 层平面，通过室外平台转换到另一个疏散楼梯。可见，顶层圆环的逃生路径不合理且复杂，需要耗费大量时间寻找安全出口，同时不能直接通过一个楼梯下至 1 层，而是需要进行转换，极其容易引起逃生者的恐慌。模拟 5 层餐厅逃生时，由于整个环形空间走廊并没有连通，某一处被厕所墙壁所阻断，导致人员 A 需要先从室内跑向中间室外空间，再跑回室内楼梯间处，这种逃生路径大大增加了逃生时间，同时极其容易混淆方向，造成错误逃生。在该体育馆中出现多处疏散楼梯间与卫生间相邻的情况，由于在模型中两者材质区分不大，又没有明显的指示标识，导致实验时人员 B 出现了犹豫、思考、徘徊的情况，不能对其立即分辨，增加了逃生时间。

因此，对该方案的空间设计提出了几个优化策略：
① 尽量拓宽顶层环道宽度，增加走廊宽度，在现有圆形的特殊形状逃生弊端的情况下，尽量减少人身处其中逃跑时的空间压迫感，同时将各圆环疏散楼梯前的可滑动箱体适当减少，留出一些空间，不可让房间或其他阻碍物将其遮挡，使疏散位置更明显，降低安全隐患，以缩短逃生路径，减少逃生时间。
② 将顶层的圆环疏散楼梯全部设置为落地的形式，减少不必要的逃生路径，以此缩短疏散时长，提高安全性。
③ 在圆环空间中，尽量保持走廊的完整性，使其能够直接通向各个安全出口，为人员减少不必要的绕路行为。
④ 设置更多的逃生指示标识，以便更快找到最佳逃生路径。

9.3　超高层综合体火灾安全疏散虚拟仿真实验

9.3.1　超高层综合体建筑疏散问题

超高层综合体指高度超过 100m 的建筑，是顺应城市高密度发展的产物，具有人员数量大、建筑高度高、建筑功能复合等特点，这导致安全疏散是超高层综合体需要解决的关键问题之一。相关疏散问题列举如下。
① 建筑高度大，烟气控制困难，火灾时烟气和热量上升速度快，火势蔓延迅速。
② 空间功能复杂，疏散难度大。超高层建筑内部功能复杂，多层商业、办公、住宅等混

合使用，人员疏散距离长，疏散时间显著增加。同时，电梯在火灾时通常不安全，主要依赖楼梯疏散，增加了疏散路径的复杂性。

③ 人员密集，心理压力大。超高层建筑往往人员密集，包括办公室、酒店、住宅等，一旦发生火灾，需要疏散的人员众多。火灾发生时，人员可能因为恐慌和混乱而影响疏散效率。

④ 救援难度高：消防车辆和设备可能无法直接到达建筑高层，消防云梯和直升机救援受限，增加了外部救援的难度。

9.3.2　实验方案

本次实验采用 Mars 软件里的动画呈现效果，通过 VR 技术及穿戴用具来放大沉浸式体验，让参与者在立体 3D 的场景中体验到建筑方案的实际效果，从而更好模拟出疏散时的状况。通过模拟火灾情况下的疏散过程，评估建筑物的安全性和疏散设计的合理性。并根据模拟结果，对建筑物的疏散通道、出口布局等进行优化，提高火灾时的疏散效率。

本次实验采用了一位同学的课程设计方案——某超高层综合体，其中 1～7 层为低区裙楼商业，8～40 层为低区、中低区办公，41～59 层为中区公寓，60～71 层为中高区酒店，72～81 层为高区会所，共 5 个垂直分区，如图 9.21 所示。在建筑内部选择两个不同楼层且功能分区各异的比较不利的逃生点尝试逃生。本次逃生实验由不熟悉此建筑的人员 A 和超高层的设计者——人员 B 进行，以模拟不熟悉场地的人的逃生视角与行为，进行对比实验。由于超高层内部空间复杂，有一定逃生失败的可能性。本次实验模拟在火灾情况下的不同疏散情景，记录疏散时间，评估疏散效率；研究在火灾情况下，人员如何选择最短、最安全的疏散路径；考察建筑物的安全出口设计是否合理，是否能满足紧急疏散的需求；评估疏散指示标志的有效性，以及对疏散行为的影响；提出改进疏散设计的建议，同时进一步对修改完的设计模型进行二次实验，对比疏散路径与时间的差异，评估改进设计的有效性。

9.3.3　实验过程及方法

（1）模型准备

根据超高层建筑的设计图纸，在 Rhino 软件中构建建筑的三维模型。模型包括主要结构构件如梁、板、柱、疏散楼梯和玻璃幕墙，以及功能分区布局，如图 9.20 所示。使用 Enscape 软件对模型进行材质编辑和重命名，确保图层材质既符合虚拟仿真的要求，也便于在 Mars 中进行材质区分。此外，为模拟疏散的楼层布置家具和隔墙，以增强模型的真实感，如图 9.21 所示。

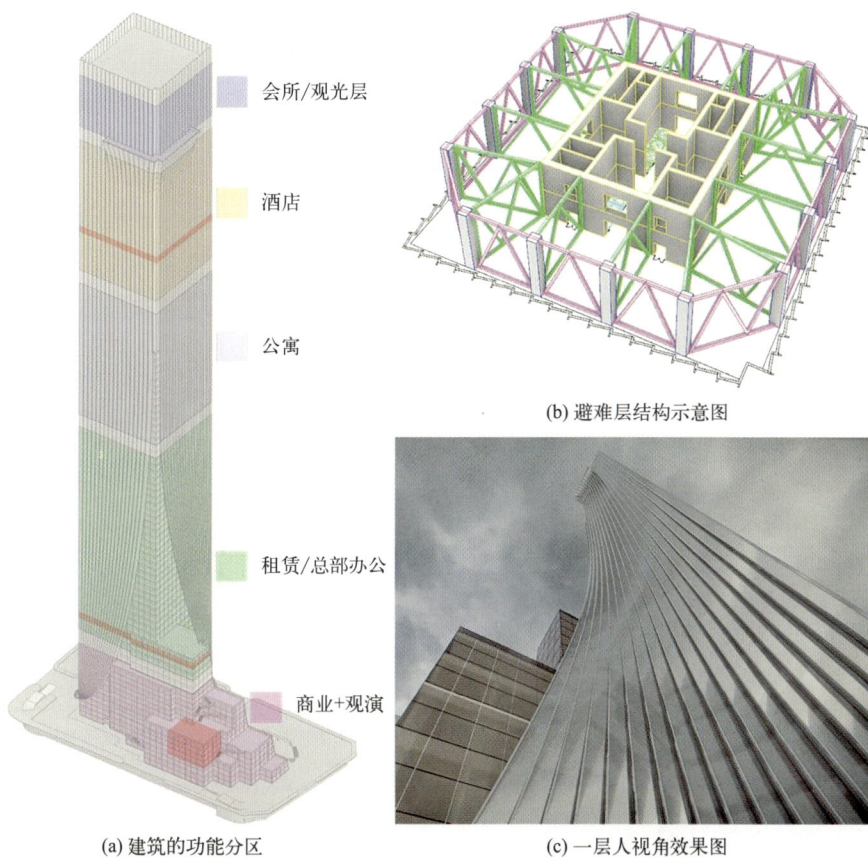

会所/观光层

酒店

公寓

租赁/总部办公

商业+观演

(b) 避难层结构示意图

(a) 建筑的功能分区

(c) 一层人视角效果图

图 9.20 某超高层综合体示意

图 9.21 室内家具建模

（2）虚拟平台设置

将构建好的模型导入 Mars 软件，进行材质编辑和火源设置等准备工作。在 Mars 中重新编辑材质，确保模型在虚拟环境中具有逼真的视觉效果，如图 9.22 所示。在逃生起始点附近放置火源和烟气，模拟火灾发生的情况，如图 9.23 所示。同时，设置建筑模型参数，包括建筑高度、层数、层高、总面积、各层面积等，以及人员移动参数，如表 9.2 所示，以模拟火灾情况下的烟气扩散和人员疏散环境。

图 9.22　编辑材质

图 9.23　烟雾模拟

表 9.2　参数设置

项目	参数
建筑高度	450m
建筑层数	94 层
层高	裙楼 7m
	塔楼 4.5m
建筑总面积	294800m^2
塔楼单层面积	2916m^2
模拟人行走速度	1.2m/s
模拟人奔跑速度	2.5m/s

（3）逃生模拟

实验参与者穿戴 VR 设备，进入 Mars 软件构建的虚拟环境中，模拟火灾发生时的疏散行为，如图 9.24 所示。实验者在立体 3D 场景中体验建筑方案的实际效果，模拟疏散时的状况。记录实验参与者的疏散时间、路径选择以及在疏散过程中的停留和犹豫情况。通过多次模拟，收集不同条件下的疏散数据，为后续的分析和优化提供依据。

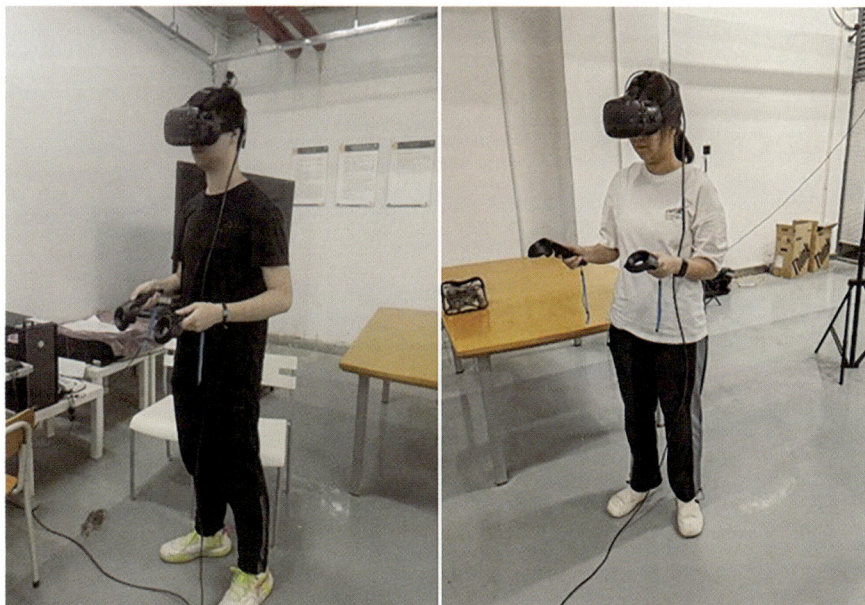

图 9.24　虚拟平台体验过程

9.3.4　实验结果分析及设计优化

(1) 逃生总时长

① 逃生地点一：3层裙楼剧场。

人员A、B在较低楼层的剧场区域进行逃生实验，如图9.25所示。人员A由于对于环境不熟悉，在寻找疏散楼梯的过程中耗费了许多时间，导致逃生总时长较大，从3层逃生地点逃到1层室外空旷广场的时间为1min26s。人员B从逃生地点逃到1层室外空旷广场的时间为52s。由于人员B对场地十分熟悉，其逃生速度比人员A快许多。

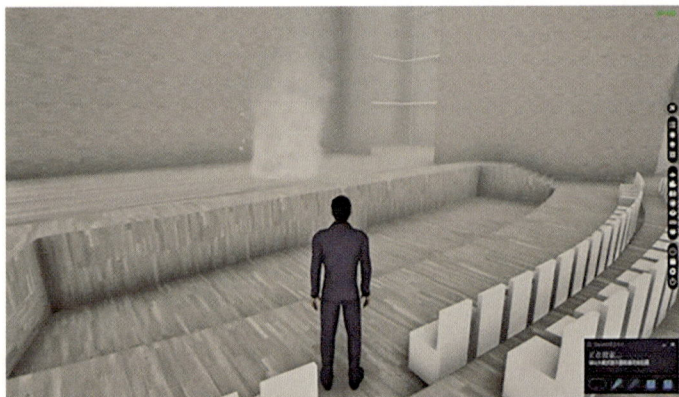

图9.25　逃生地点一场景示意图

② 逃生地点二：11层中低区共享办公空间。

人员A、B在中低区楼层的办公空间进行逃生实验，如图9.26所示。不熟悉环境的人员A从11层办公区域逃到9层避难层的时间为1min21s。熟悉环境的人员B从11层办公区域逃到9层避难层的时间为48s。

图9.26　逃生地点二场景示意图

（2）逃生路径

① 逃生地点一：3层裙楼剧场。

人员 A 在此层逃生过程中先是在剧场观众席内转了一圈判断方向，然后选择了舞台右侧的门，离开剧场到达室内走廊，左转到达疏散楼梯后沿楼梯往下走，下至 1 层后，由于玻璃幕墙的阻隔而无法到达室外，视线所及区域无通往外侧的出口，转了一圈左右环顾后才看到右侧光亮出口（视线较先看到，实际路程较远），进而找到方向到达场地北侧的空旷室外广场，逃生成功。人员 B 逃生同样选择了靠近舞台右侧的疏散楼梯下至 1 层，由于对建筑内交通流线比较熟悉，选择了南侧的主出口疏散到室外的空旷室外广场，逃生成功。其疏散路径如图 9.27 所示。

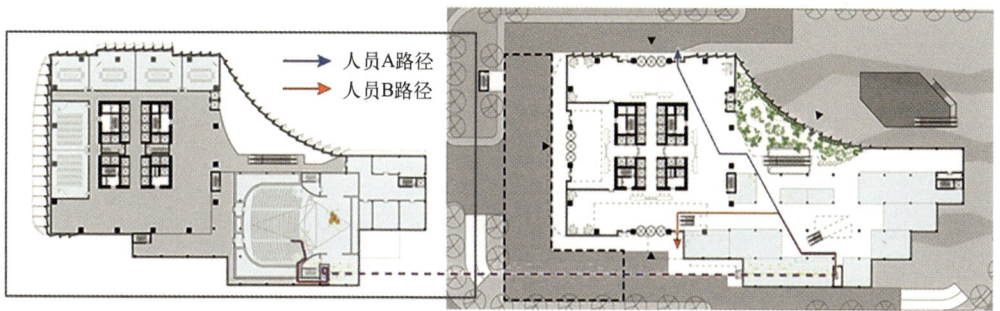

图 9.27　逃生地点一实验中疏散路径

② 逃生地点二：11层中低区共享办公空间。

人员 A 在此层逃生过程中先是环绕讨论区一周摸索逃生出口，离开讨论区后进入私人办公室，又经过一个公共办公空间后才抵达走廊，右转进入核心筒疏散楼梯后沿楼梯往下逃生，直至抵达有避难层标识的楼层，逃生成功。人员 B 同样经由私人办公室和公共办公空间抵达走廊，选择了左转，从不在核心筒之内但路程更短的疏散楼梯下至避难层，逃生成功。其疏散路径如图 9.28 所示。

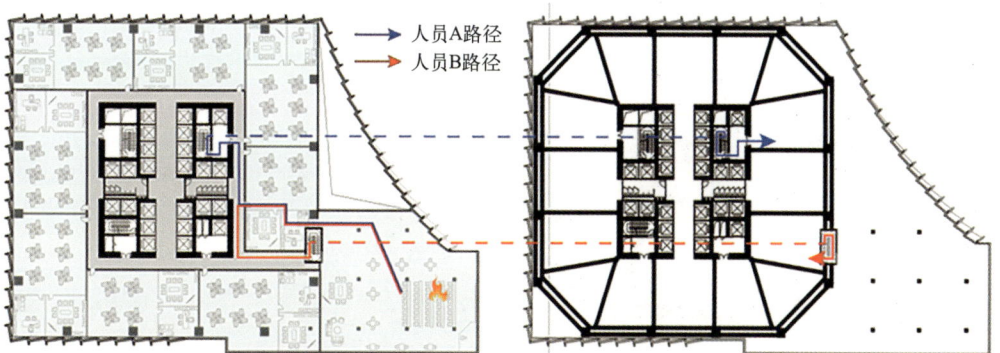

图 9.28　逃生地点二实验中疏散路径

（3）停留区域

① 逃生地点一：3 层裙楼剧场。

塔楼在南侧、北侧和西侧主出入口位置设置了三处空旷的广场空间，1 层的商业空间内也有安全出口能到达广场，低区的疏散人群逃生到达此处即可认为抵达安全的停留区域，如图 9.29 所示。

图 9.29 裙楼安全停留区域

② 逃生地点二：11 层中低区共享办公空间。

塔楼在 9 层设置了避难层，从 11 层的办公空间内通过疏散楼梯可以到达此最近避难层，中低区域的疏散人群逃生到达此处即可认为抵达安全停留区域，如图 9.30 所示。

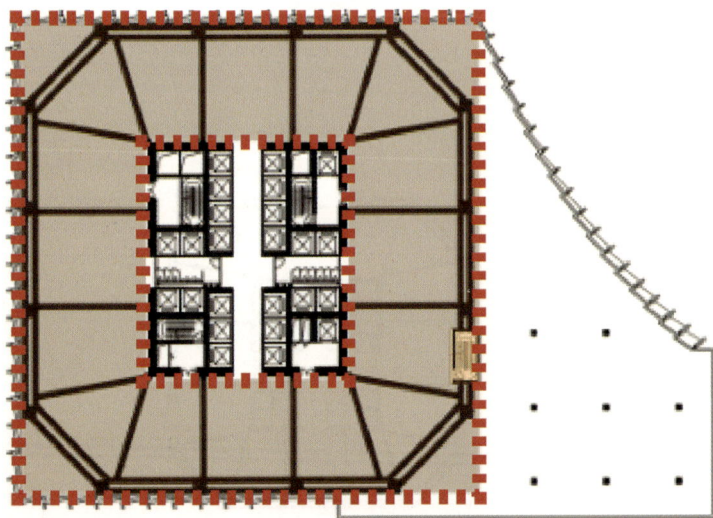

图 9.30 塔楼安全停留区域

（4）寻路体验

① 逃生地点一：3 层裙楼剧场。

在实验中，由于不熟悉该建筑的平面布局，以及建筑的平面未设置流线引导，导致寻找空间出口与疏散楼梯的位置成了人员在逃生过程中的难点。由于剧场出入口过多，人员在逃生时会犹豫疏散出口的选择。到达 1 层后，由于室内商业空间较为宽阔，人在寻路时会感到迷茫，于是开始左右环顾。实验人员尝试移动一段距离后发现该方向并没有疏散通道，进而被迫更改路径向相反方向疏散，感到慌张。实验过程中，人员多次在原地停留以及环顾，以判断方向和探索出口的位置。

② 逃生地点二：11 层中低区共享办公空间。

从共享办公讨论区出口离开此区域后，疏散人员反而进入了更狭窄的办公室之内，在这里容易陷入迷茫，甚至折返回到原讨论区重新寻路。从办公空间出来后进入走廊空间，由于缺乏疏散楼梯指示标识，逃生人员可能错过最近的疏散楼梯，而在核心筒中找寻方向，错失疏散时机。

（5）设计优化

① 逃生地点一：3 层裙楼剧场。

针对以上问题，进行了空间优化设计，为剧场空间增设了疏散标识，并重新布局了 1 层的安全出口，缩短了 1 层疏散楼梯出口直达户外的距离。经过模型优化设计后，实验进行了二次模拟，发现疏散距离和时间明显缩短，疏散时间为 57s，相比原来缩短了 29s。有了清晰的疏散标识和视线贯通后，对模型不了解的人员也可以清晰地辨别疏散方向，其更有利于引导人群的疏散。裙楼空间优化后的最佳疏散路径如图 9.31所示。

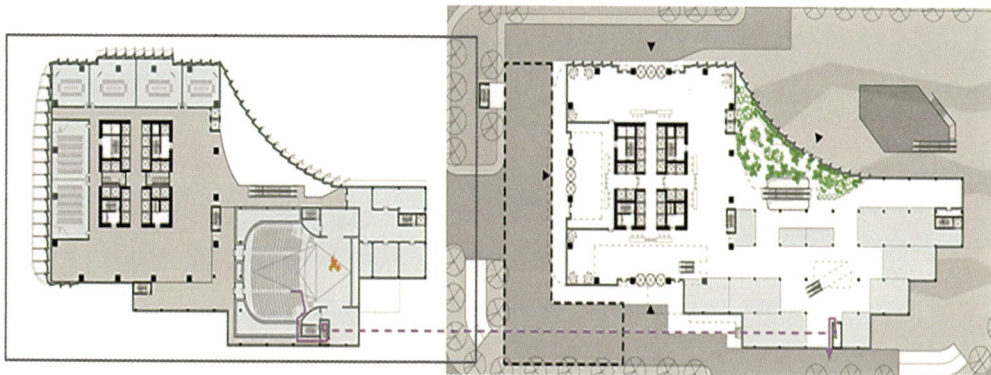

图 9.31 裙楼空间优化后的最佳疏散路径

②逃生地点二：11层中低区共享办公空间。

针对以上问题，进行空间优化设计，打通了原有讨论区与疏散楼梯间入口前走廊之间的隔墙（非承重墙），避免了讨论区人群疏散路径必须经过私人办公室的问题（房中房、防火空间等级混乱），提供了办公讨论区直达疏散楼梯的路径。同时增设标识，指示最近的疏散楼梯。经过模型优化设计后，实验进行了二次模拟，发现疏散距离和时间明显缩短，疏散时间为48s，相比原来缩短了33s。有了更短、更明显的疏散通道后，人员可以清晰地辨别疏散路线，有利于人群的疏散。塔楼空间优化后的最佳疏散路径如**图9.32**所示。

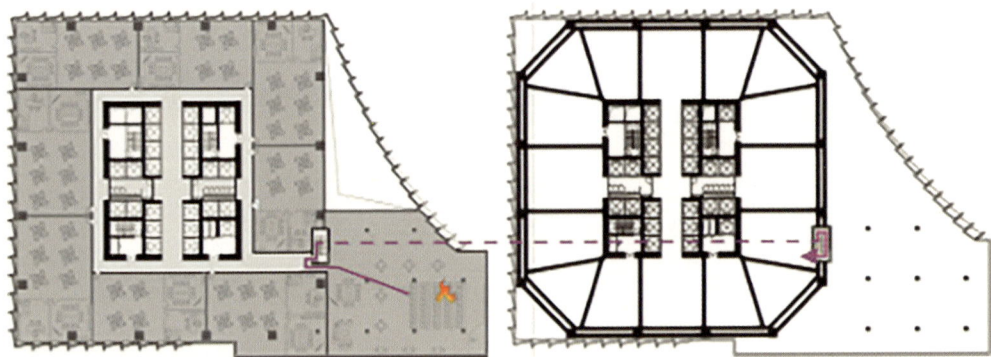

图9.32　塔楼空间优化后的最佳疏散路径

9.4　书店火灾安全疏散虚拟仿真实验

9.4.1　建筑疏散问题

（1）火灾荷载大

书店作为知识传播的场所，内部存储有大量书籍和其他纸质材料，这些物品在火灾发生时不仅易燃，而且燃烧时可能产生大量烟雾和有毒气体，增加了火灾荷载。此外，现代书店为了提升顾客体验，常常采用复杂的内部装修和照明设计，这些装修材料和电气设备在火灾中也可能成为额外的火灾荷载来源。

（2）建筑物面积大、功能复杂，安全疏散组织难度大

书店通常建筑面积较大，且内部空间布局复杂，囊括了阅读区、儿童区、咖啡厅等功能区域。这种多功能性虽然丰富了顾客的体验，但也增加了安全疏散的组织难度。在火灾

等紧急情况下，人员需要迅速从不同区域撤离，但由于空间布局的复杂性，顾客可能难以快速找到最近的安全出口，导致疏散时间延长。此外，书店内部的隔断和装饰物可能在紧急情况下成为阻碍疏散的障碍。

（3）空间结构的潜在风险

书店的空间结构设计，尤其是中庭等多层共享空间，虽然为顾客提供了开阔的视野和舒适的购物环境，但在火灾发生时，这些开放空间可能成为火势和烟气迅速蔓延的通道。此外，多层结构可能导致火灾在垂直方向上的快速扩散，增加了疏散的难度和危险性。

9.4.2　实验方案

本次实验采用 Mars 软件里的动画呈现效果，通过 VR 技术及穿戴用具来放大沉浸式体验，让参与者在立体 3D 的场景中体验建筑方案的实际效果，从而更为准确地判断出火灾时建筑内部人员逃生会遇到的各种状况以及采取的行动策略，能更有针对性地发现疏散过程中存在的问题以及思考相应的改善措施。

本次实验采用了一位同学的课程设计方案——某个两层的书店，其包含一个主要出口、一个次要出口、一个后勤出口。实验人员移动到建筑内部选择一个比较不利的逃生点，尝试从三个不同的出口逃出。本次逃生实验由不是书店设计者的人员 A 和人员 B 进行，以模拟不熟悉场地的书店顾客进行逃生的情形。由于书店内部布局复杂，预计人员 A 和 B 逃生将会消耗比较长的时间，逃生路径也比较曲折，不排除失败的可能性。

9.4.3　实验过程及方法

（1）模型准备

对深大文山湖旁的两层书店的三维模型进行优化处理，以确保其在虚拟平台中的表现符合实验要求。首先使用建模软件建立模型，包括墙、窗等建筑构件，如图 9.33 所示。接着进行模型的清理工作，通过 Purge 命令清理掉没有使用的材质和图层，并对图层材质进行编辑及重命名，如图 9.34 所示。之后，将模型单位转换为厘米，以确保后续操作的准确性。再对模型的正反面进行修改，通过设置显示反面并将其颜色改为显眼的颜色，找出模型中的反面部分，然后选择反面并将其翻转为正面。最后，修改模型材质 UV 尺寸，使在 Mars 里材质纹理缩放更可控。

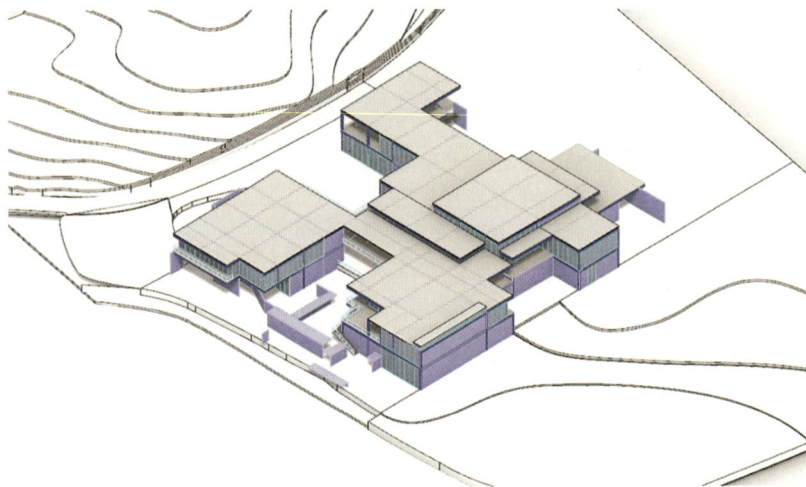

图 9.33　简化模型

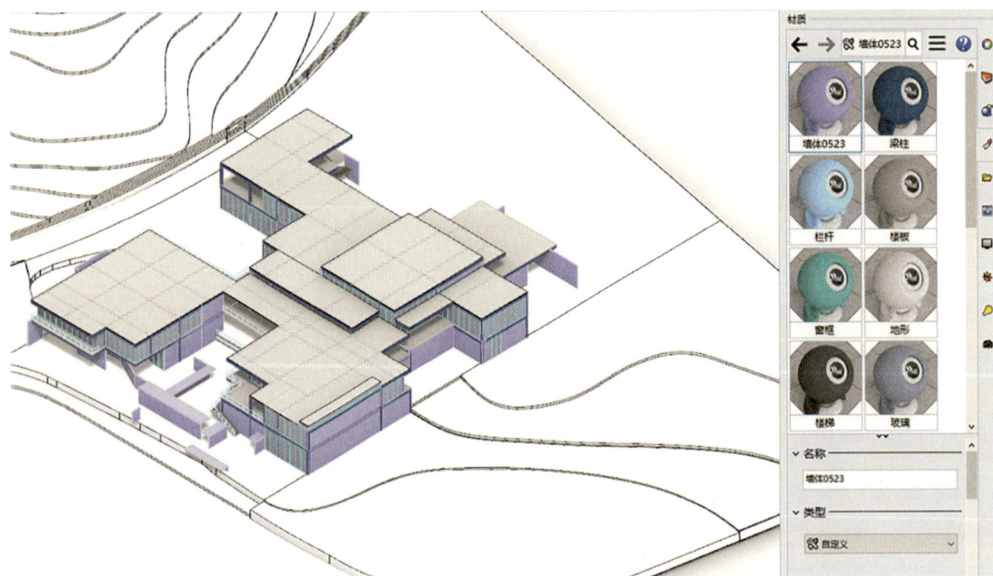

图 9.34　调整材质

（2）虚拟平台设置

将上述建立好的书店模型导入 Mars 后，对材质进行编辑，以达到更好的虚拟体验效果，如图 9.35 所示。

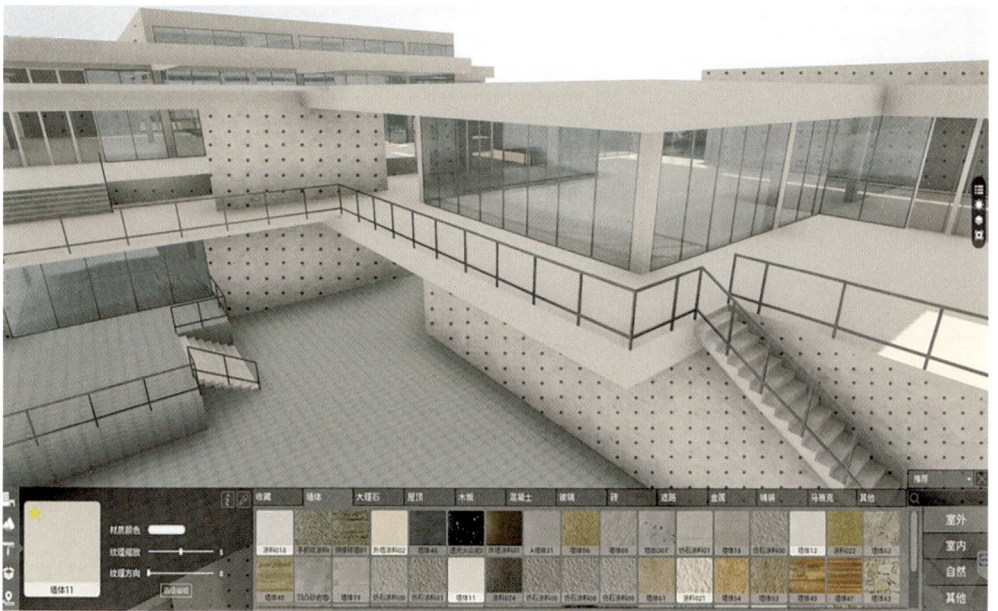

图 9.35　导入 Mars

（3）逃生模拟

在虚拟平台中，实验人员移动到建筑内部，选择一个比较不利的逃生点，即书店二层的售书区，尝试从三个不同的出口逃出。由不是书店设计者的人员 A 和人员 B 进行逃生实验，以模拟不熟悉场地的书店游客进行逃生。在实验过程中，实验人员通过 VR 技术，身临其境地体验建筑方案的实际效果，感受疏散时的各种状况，从而为后续分析疏散过程中存在的问题及思考改善措施提供依据，如图 9.36 所示。

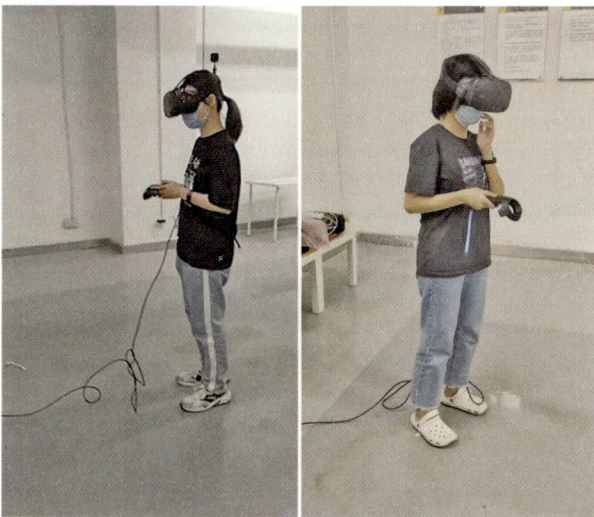

图 9.36　虚拟平台体验过程

9.4.4　实验结果分析及优化

（1）逃生总时长

本次实验中人员 A、B 均选择书店 2 层的售书区为逃生地点进行逃生，如图 9.37 所示。人员 A 进行了两次不同路径的逃生，从逃生地点逃到 1 层室外空旷广场的时间分别为 1min19s 和 1min52s。人员 B 从逃生地点逃到 1 层室外空旷广场的时间为 49s。由于人员 B 没有寻找疏散楼梯，直接从空间内的中庭楼梯下至 1 层，其逃生速度快于人员 A 许多。人员 A 由于对环境不熟悉，在寻找疏散楼梯的过程中耗费了许多时间，导致逃生总时长较大。

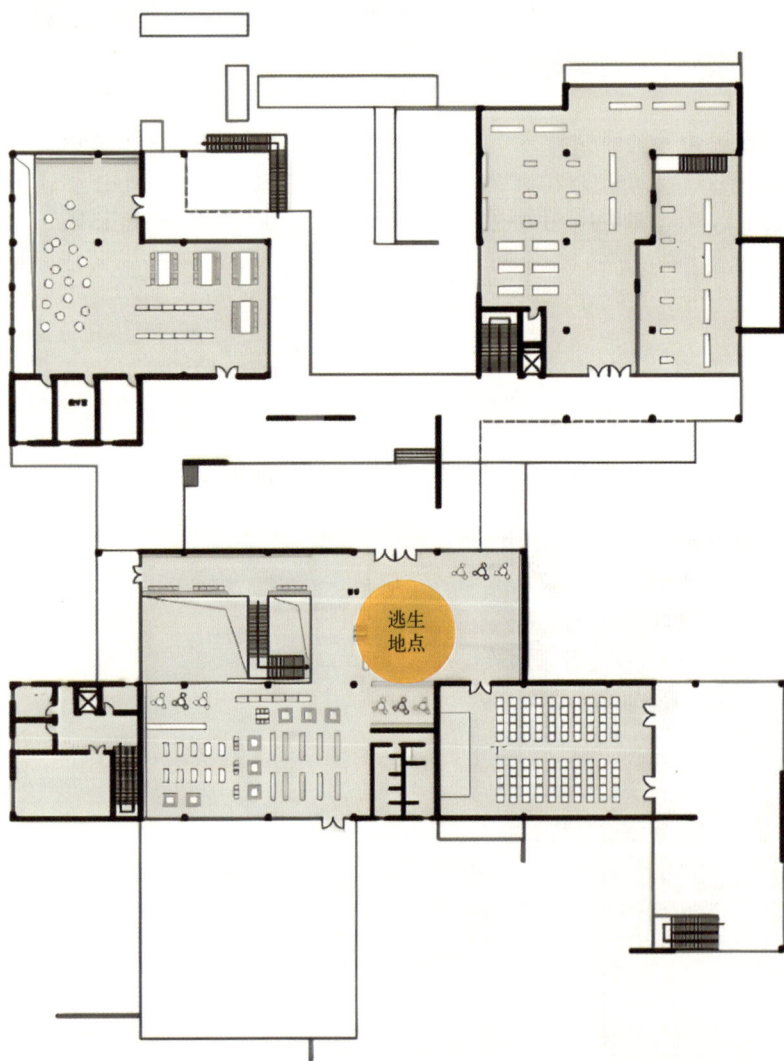

图 9.37　逃生地点

（2）逃生路径

人员 A 第一次逃生先是进入报告厅区域寻找出口，发现其通向的是平台，由于短墙遮挡视线，并没有发现该平台一侧有通往 1 层的楼梯，于是折返回逃生地点，通过区域内另一扇门，进入到半室外平台，沿台阶下平台，发现右前方有疏散楼梯，于是通过疏散楼梯前往 1 层，下至 1 层后，沿台阶下到场地北侧的空旷室外广场，逃生成功，用时1min19s，路线如图 9.38 所示。

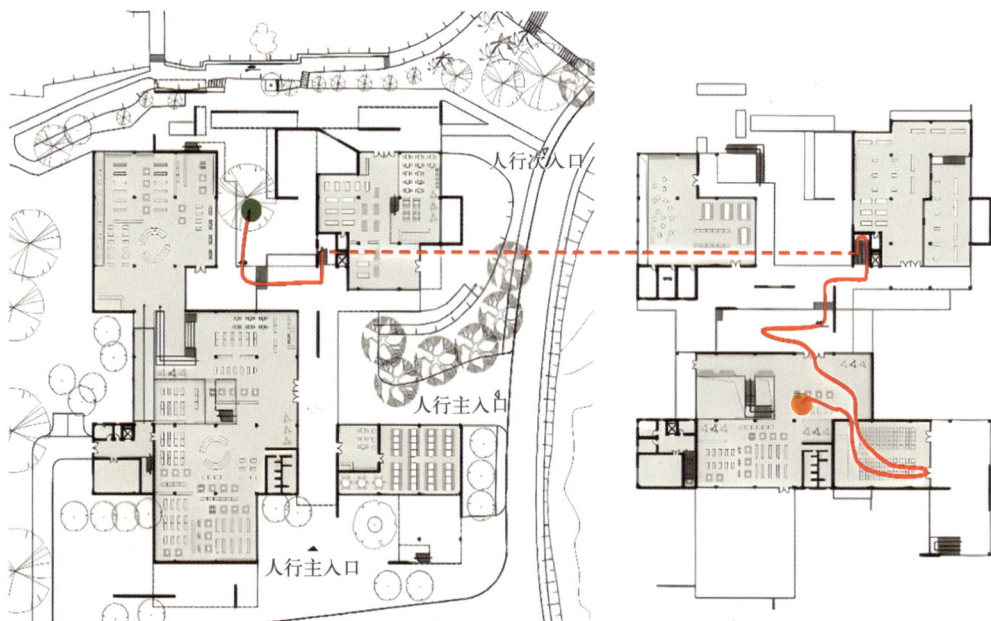

图 9.38　人员 A 第一次逃生路线

人员 A 第二次逃生先是在售书区域内转了一圈判断方向，然后选择了正前方的门，进入到半室外平台，沿台阶下平台，往左前方外廊进行摸索，发现通往 1 层的楼梯后沿楼梯往下走，下至 1 层后，由于室外短墙阻隔视线而找不到通往空旷场地的路，转了一圈后才找到方向到达场地北侧的空旷室外广场，逃生成功，用时 1min52s，路线如图 9.39 所示。

人员 B 逃生先是在原地环绕一周后，选择了最近的中庭楼梯下至书店 1 层，在书店 1 层由于摸不清方向，在售书区域绕了一大圈后，选择了书店主入口疏散到室外，再走到最近的场地东侧的空旷室外广场，逃生成功，用时 49s，路线如图 9.40 所示。

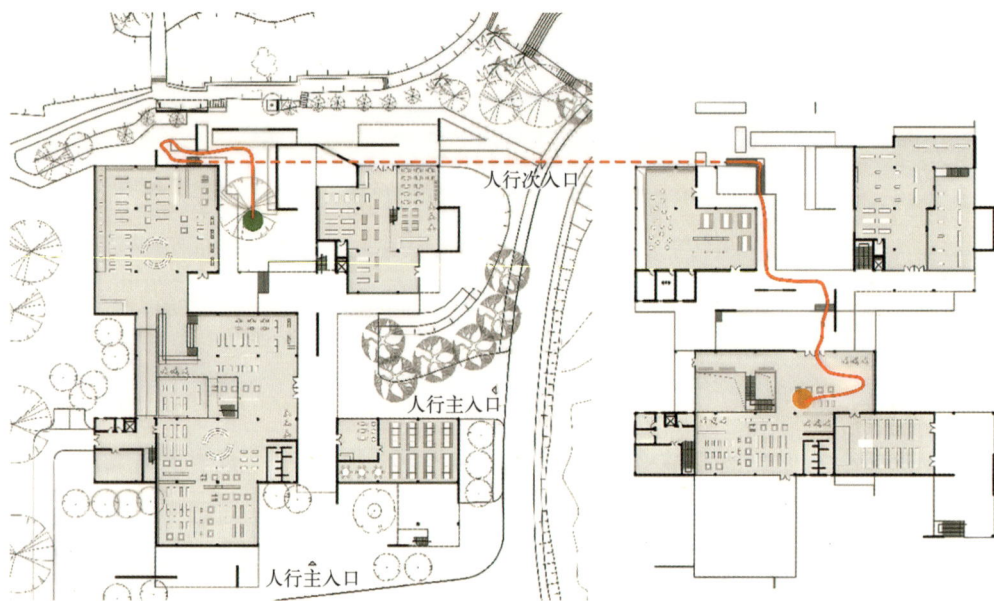

图 9.39　人员 A 第二次逃生路线

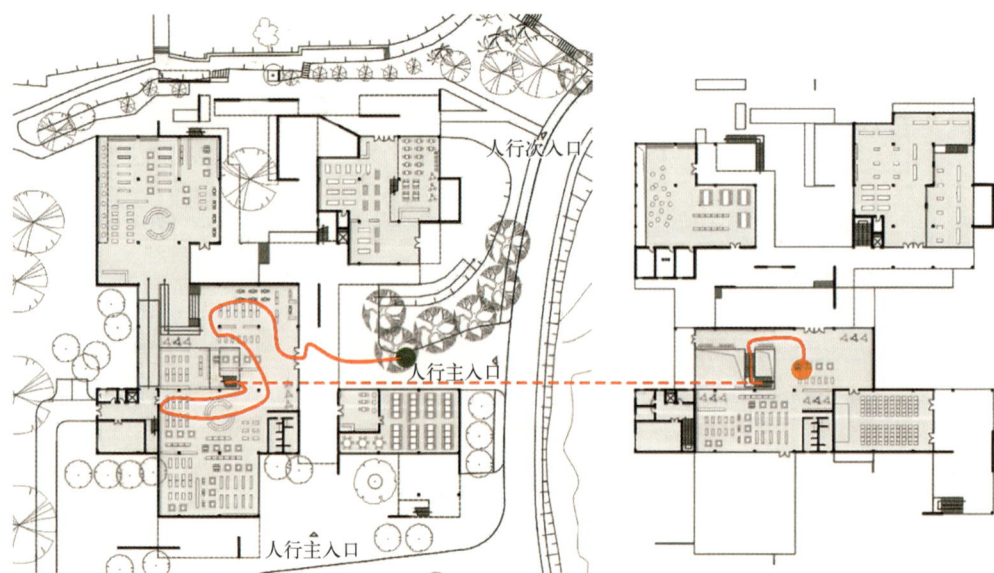

图 9.40　人员 B 逃生路线

（3）停留区域

书店在 1 层北侧、东侧、南侧设置了三处集散书店逃出人群的停留区域，均为半围合、空旷的院落空间，与主要的安全出口、疏散楼梯相连，如图 9.41 所示。

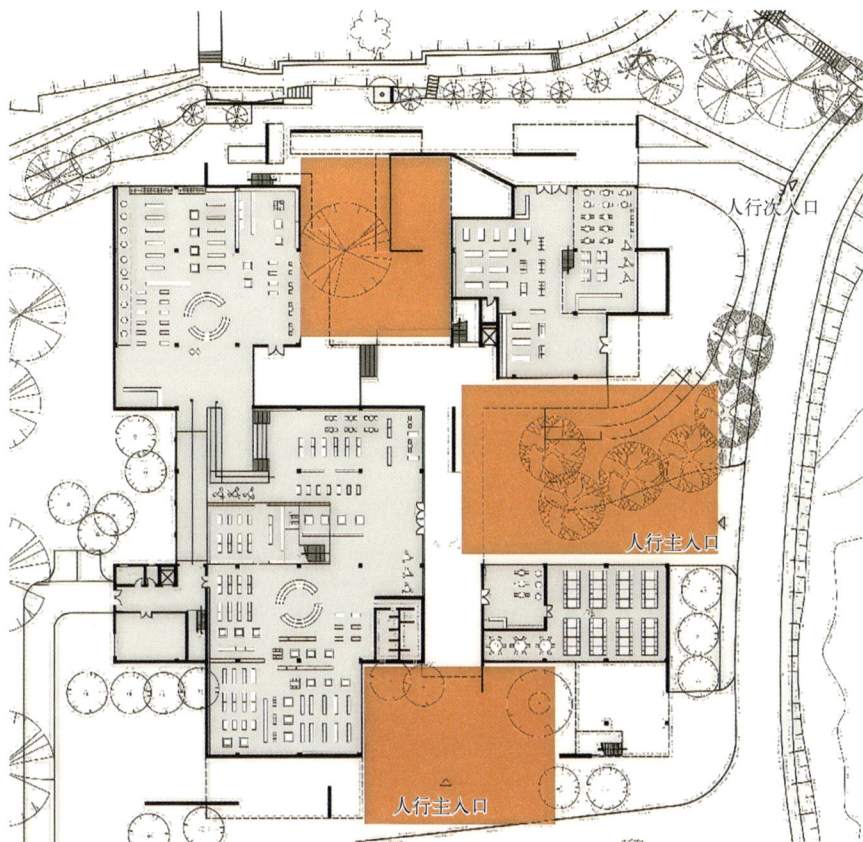

图 9.41 停留区域

（4）寻路体验

在实验中，由于不熟悉该书店的平面布局，以及书店的流线设置复杂，加上有一些景观短墙遮挡视线，导致分辨方向与寻找疏散楼梯的位置成了人员 A、B 逃生过程中的难点。实验过程中，两人多次在原地停留环绕以及摸索尝试，以判断方向和探索疏散楼梯的位置。

（5）设计优化

本次实验选择的书店室内高差变化多，路径曲折，有的区域要经过室外平台通向疏散楼梯，甚至有的区域内没有相连的疏散楼梯，需要往同层的室内方向逃，以寻找疏散楼梯。可见该书店逃生路径复杂，一般游客逃生时很有可能耗费大量时间在寻找安全出口上。因此，该书店应从平面布局梳理出各个区域的最有效逃生路线，并在逃生路径上设置指示标识，保证人员安全。

9.5 学生活动中心火灾安全疏散虚拟仿真实验

9.5.1 学生活动中心建筑疏散问题

学生活动中心作为大学校园中常见的公共空间，也是教育空间的一环，其消防疏散是一个重要的安全问题，关乎能否确保在紧急情况下，所有人员能够迅速、安全地撤离建筑物。而在许多大学的学生活动中心中，常常存在以下问题：

① 疏散路线不明确，缺乏清晰的疏散标识与合理的疏散路线。学生活动中心作为功能复合的校园内公共建筑，建筑空间的组织往往复杂多变，疏散路线往往不清晰，同时缺乏合理的疏散标识引导。

② 学生活动中心内人员对疏散路径的熟悉程度不同，导致学生和工作人员在面对紧急情况时不知道该如何正确地疏散。

③ 疏散设计存在缺陷，建筑结构复杂，存在多层或者多功能区域，增加了疏散的难度，同时紧急出口和疏散通道数量不足或过于狭窄，导致在紧急情况下无法快速疏散大量人群。

9.5.2 实验方案

选用相关建筑三维几何模型，通过 Mars 软件模拟在火灾时人员紧急逃生的场景，让学生切身体会到建筑消防疏散设计的重要意义和核心要点，从而发现在过往设计中忽视的隐患问题，进一步提出针对问题的优化建议，加深对本课程所学内容的理解。

本实验选用校园学生活动中心作为模拟对象，由于该建筑设计了多个外廊和架空等半室外空间，视线较开阔，同时最高楼层为 3 层，疏散路径较短，预估实验逃生时间较短。

9.5.3 实验过程及方法

选择某学生活动中心方案作为模拟实验模型，其位于深圳大学下文山湖边缓坡上，占地面积 2328m²，3 层高，局部有地下 1 层，如图 9.42 所示。其作为深圳大学师生文艺社团活动基地使用，人员活动密集，交通组织上多外廊和开敞楼梯。根据已有设计图纸在 Rhino 软件中建立三维几何模型，并在 Mars 软件中建立实验项目，导入 Rhino 模型文件。

Mars 软件能通过结合建筑 VR 技术，将建筑模型三维场景可视化，结合材质渲染提供实时交互式漫游。小组在模型项目中加入了火焰、烟、大雾素材，为实验呈现出沉浸式的逼真火灾逃生场景，如图 9.43 所示。利用 VR 头盔和控制手柄，通过穿戴数据采集设备，实验人员可以在虚拟场景中自由跑动，从不同角度观察火场环境，电脑显示屏能实时呈现火场所见，如图 9.44 所示。

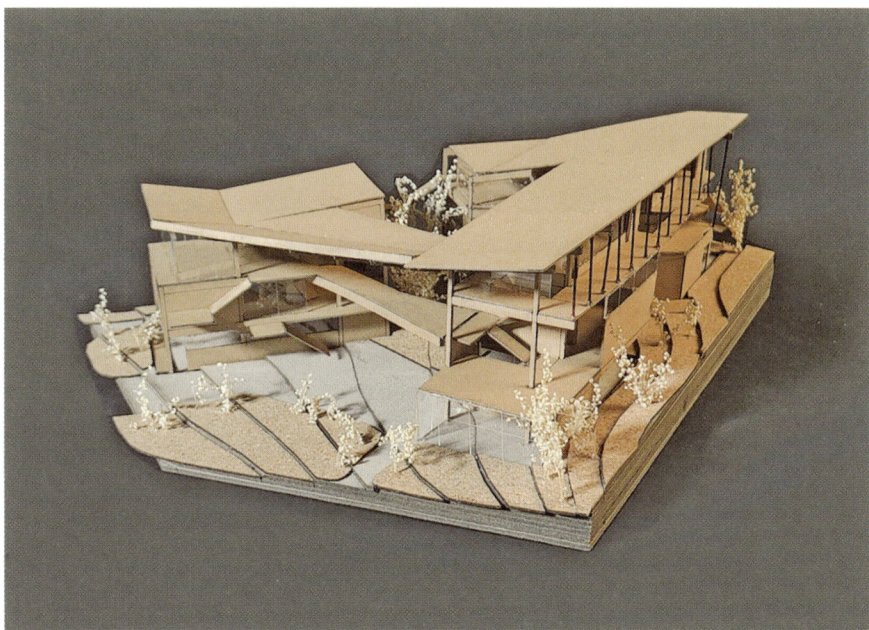

图 9.42　简化模型

图 9.43　烟气模拟

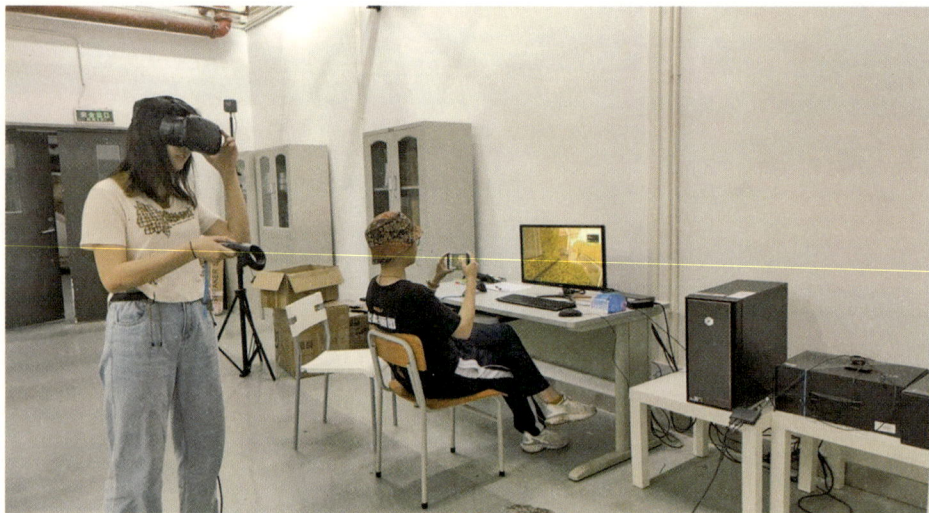

图 9.44　虚拟平台体验过程

9.5.4　实验结果分析及设计优化

(1) 逃生总时长

现场实验中，三名实验者的逃生时长分别为 1min29s、1min37s、1min44s，模拟实验的平均逃生时长为 1min37s，逃生时长在二级公共建筑逃生疏散时间之内，表明该建筑内人员在火灾中逃生所需时间较短，能够高效快速地到达安全区域。

(2) 逃生路径

① 人员 A 选择远离着火点方向逃生，到达走廊尽头后，由于浓烟影响以及建筑周边树木的遮挡，紧急情况下该实验者并未看见附近的疏散楼梯，选择改道继续逃生，使得逃生路径被大大拉长。最终通过连桥到达相邻另一建筑疏散楼梯，由于该建筑未起火，烟雾遮挡少，后半程逃生较快速、顺利。

② 人员 B 的逃生路径最短，通过走廊左端尽头的开敞楼梯一路向下，直接逃生至地面层。

③ 人员 C 一开始选择向走廊右端尽头逃生，同人员 A 一样未发现走廊尽头的疏散楼梯，紧急下选择折返向走廊另一端寻找疏散楼梯逃生，其间再次经过着火点所在房间，危险性极高，且寻路时间大大增加，在实际险情中考虑人的反应时间与火灾蔓延趋势，逃生成功率并不高。

三名实验者的逃生路径如图 9.45 所示。

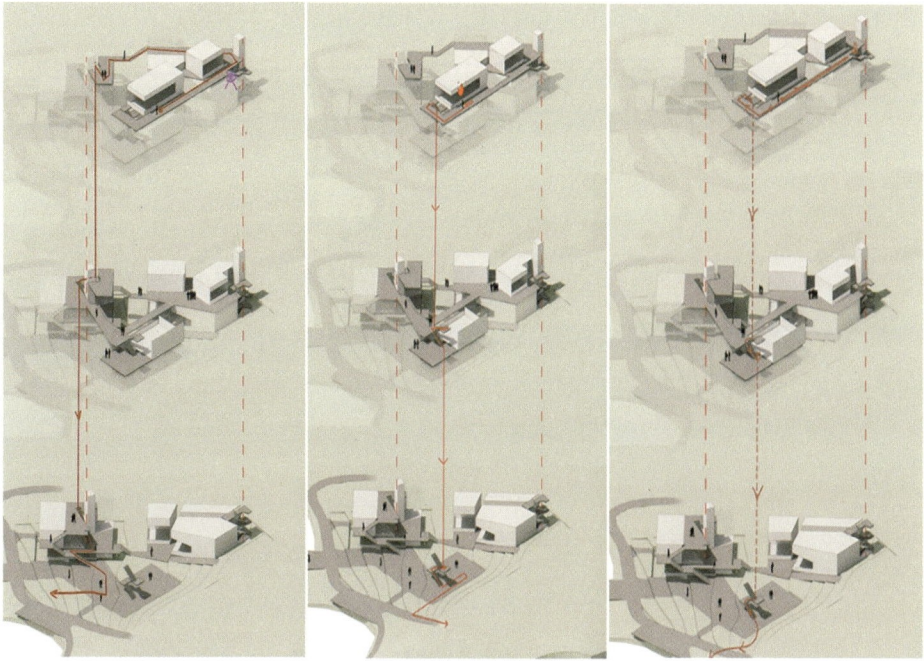

(a) 人员A逃生路径　　　　　　　(b) 人员B逃生路径　　　　　　　(c) 人员C逃生路径

图 9.45　逃生路径

（3）停留区域

在现场实验中实验者主要停留区域有两处，如图 9.46 所示。

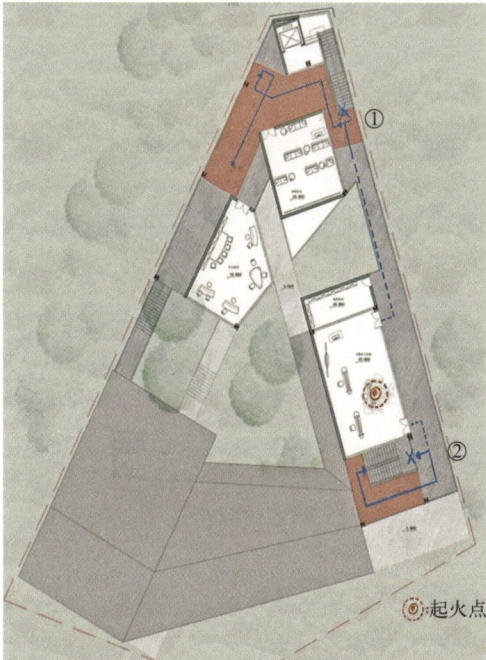

◎起火点

图 9.46　停留区域

第一处为北侧楼梯间附近，疏散楼梯入口离景观树木距离过近，实验中遮挡了视线导致实验者错过入口，而红色区域空间转折较多，在房间墙体遮挡下实验者不能对周边情况一目了然，无法寻找到前往疏散楼梯的最短路径，判断时产生犹豫和迷惑，大大增加了逃生时间。

第二处为南侧楼梯间附近，此处存在距离实验者最近的疏散路径，但由于楼梯平台未直接与走廊相接，导致实验者在红色区域转弯兜圈，增加了逃生时间，在真实火情中极有可能发生逃生者直接从走廊跳入楼梯的情况，带来额外的人员损伤。

（4）寻路体验

在实验模拟中实验者深刻意识到安全疏散标识在公共建筑中的重要性，在没有标识指引情况下唯有随机选择一个方向逃生，这很可能导致逃生路径被大大增加，如图 9.47 所示，复盘时其实发现离起火点最近的疏散楼梯转个弯就到了。因此，在建筑中明显位置设置安全出口标识及消防疏散平面示意图是相当重要的。

此外，实验者明显体会到，当竖直连贯交通体设置在公共建筑走道端头或中部位置时，更符合一般人常规认识，相对容易寻找。如果公共走道区域过长、交通体布置位置比较零碎或者疏散交通体在竖向有分段不连续，同样不利于寻路。该设计方案由于在交通组织上多外廊和开敞楼梯间，视线较开阔，因此在寻路过程中不会带来恐惧与压抑感。

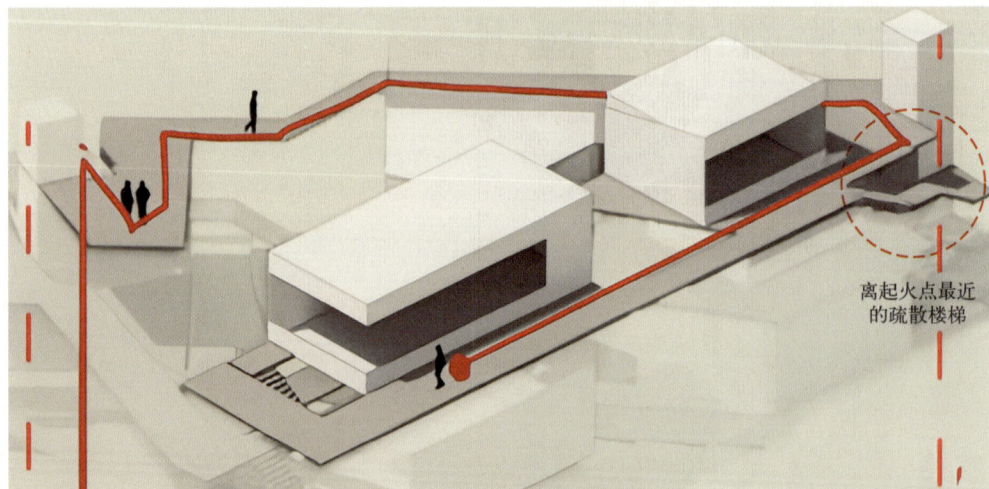

离起火点最近的疏散楼梯

图 9.47　无标识指引时的可能疏散路线

（5）设计优化

如图 9.48 所示，1 处可将楼梯方向调转，使得走廊与楼梯停留平台直接连接，从而缩短逃生路径与寻路时间。2 处可以整合公共活动区域，尽量减少转角的出现次数，并清理遮挡楼梯入口的景观乔木，使得逃生路径更清晰化。3 处的交通空间应当更为规整，可考虑将直跑楼梯更换为双跑楼梯，留出更多的缓冲空间。假设起火点在其他教室，如图 9.48 中 4 处活动平台也应适度减小面积，使得最佳逃生路径的辨识度得以提升，提高逃生效率。

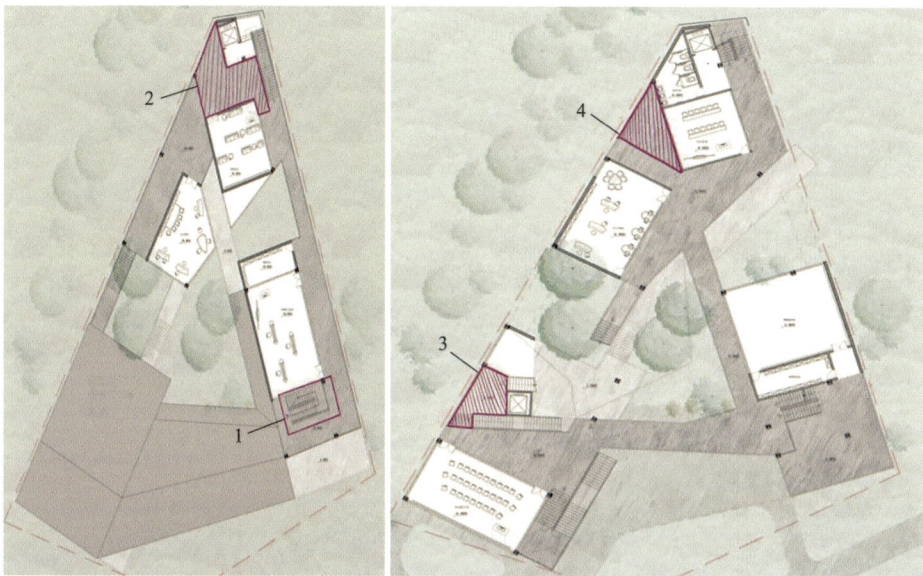

图 9.48　设计优化示意图

课后思考题

根据本章讲述的知识，将设计课的项目放置于虚拟仿真实验平台中，进行建筑的疏散模拟，并依据实验结果修改项目图纸。

参考文献

[1] GB 55037—2022, 建筑防火通用规范 [S].

[2] GB 50016—2014, 建筑设计防火规范 (2018 年版) [S].

[3] GB 50222—2017, 建筑内部装修设计防火规范 [S].

[4] GB/T 23809.2—2020, 应急导向系统　设计原则与要求　第 2 部分：建筑物外 [S].

[5] 甄诚. 消防安全疏散时间计算原理 [J]. 建筑与预算, 2015, (10)：20-22. DOI：10.13993/j.cnki.jzyys.2015.10.006.

[6] 夏令操, 朱江, 刘文利. 大型民用机场航站楼建筑消防设计理念与实践 [J]. 建筑科学, 2010, 26 (11)：95-99. DOI：10.13614/j.cnki.11-1962/tu.2010.11.008.

[7] 张彤彤, 张艳丽, 饶小军, 等. 消防设备视角下的中国早期超高层建筑设计模式演变——以 20 世纪 80 年代深圳国际贸易中心大厦为例 [J]. 时代建筑, 2023, (06)：38-45. DOI：10.13717/j.cnki.ta.2023.06.038.

[8] 张彤彤, 樊乐, 习生乐, 等. 基于仿真模拟技术的老旧小区应急疏散机制及标识优化设计——以深圳市为例 [J]. 城市学报, 2024, (02)：87-98.

[9] 颜峻. 建筑防火设计 [M]. 北京：气象出版社, 2017.

[10] 应急管理部信息研究院. 火灾典型事故案例解析 [M]. 北京：应急管理出版社, 2019.

[11] 赵宇. 消防燃烧学基础 [M]. 重庆：重庆大学电子音像出版社有限公司, 2023.

[12] 王金平. 建筑火灾荷载 [M]. 北京：化学工业出版社, 2016.

[13] 方正. 建筑消防理论与应用 [M]. 武汉：武汉大学出版社, 2016.

[14] 吴念祖. 浦东国际机场二号航站楼设计 [M]. 上海：上海科学技术出版社, 2008.

[15] 孙旋. 大型交通建筑特殊消防设计与评估 [M]. 北京：中国计划出版社, 2022.

[16] 张格梁. 建筑防火设计技术指南 [M]. 北京：中国建筑工业出版社, 2015.

[17] 萨克森. 中庭建筑开发与设计 [M]. 戴复东, 等, 译. 北京：中国建筑工业出版社, 1990.

[18] 刘露. 消防技术装备 [M]. 合肥：合肥工业大学出版社, 2021.

[19] 王竟萱, 李星顿. 建筑消防与监督管理 [M]. 长春：吉林科学技术出版社, 2022.

[20] 张慧, 李星顿. 消防安全管理与监督检查 [M]. 长春：吉林科学技术出版社, 2022.

[21] 张彤彤. 超高层综合体防火性能化设计 [M]. 北京：中国建筑工业出版社, 2021.

[22] 张英华, 高玉坤. 防灭火系统设计 [M]. 北京：冶金工业出版社, 2019.

[23] 许雨, 曹旭艳, 赵晋. 建筑工程消防设计与应用 [M]. 沈阳：辽宁电子出版社, 2024.

[24] 何培斌, 栗新然, 刘璐, 等. 民用建筑设计与构造 [M]. 4 版. 北京：北京理工大学出版社, 2024.

[25] 全国火灾调查技术学术工作委员会. 火灾调查科学与技术 2022 [M]. 天津：天津大学出版社, 2022.

[26] 张一莉, 倪阳, 章海峰, 等. 复杂建筑消防设计 [M]. 北京：中国建筑工业出版社, 2022.

[27] 张立宁. 城市建筑火灾防控理论与方法 [M]. 北京：知识产权出版社, 2023.

[28] 林震, 施佳颖, 杜彪. 高层建筑消防安全 [M]. 长春：吉林科学技术出版社, 2022.

[29] 李桂芳, 王旭. 高层建筑防火细节详解 [M]. 江苏：江苏凤凰科学技术出版社, 2015.

[30] 赵志曼, 白国强, 孙玉梅, 等. 建筑设备工程 [M]. 北京：机械工业出版社, 2021.

[31] 王跃强. BIM 信息与建筑空间火灾特性 [M]. 北京：中国建材工业出版社, 2022.

[32] 鲁剑颖. 风险管理工程控制 [M]. 上海：上海科学技术出版社, 2023.

[33] 李志伟, 朱炜航, 沈蔚如. 建筑设计合规性技术要点 [M]. 北京：中国建筑工业出版社, 2024.

[34] 王新武, 孙犁, 李凤霞, 等. 建筑工程概论 [M]. 武汉：武汉理工大学出版社, 2019.

[35] 于文, 孙旋, 李引擎. 城市建设灾害防御技术应用 [M]. 上海：上海科学技术出版社, 2023.

[36] 王忠林, 熊伟东, 汪亮. 大学生安全教育 [M]. 上海：上海交通大学出版社, 2020.

[37] 许岩, 永贵. 建筑物内行人疏散模型和行为特征 [M]. 北京：中国经济出版社, 2017.

[38] 何培斌, 栗新然, 刘璐, 等. 民用建筑设计与构造 [M]. 4 版. 北京：北京理工大学出版社, 2024.

[39] 张奎杰, 吴翔华, 栗欣. 企事业单位消防安全管理实务 [M]. 北京：北京理工大学出版社, 2022.

[40] 张元祥, 张少晨, 罗毅. 建筑构造与消防设施灭火救援实战应用指南 [M]. 北京：中国建筑工业出版社, 2023.

[41] 杨丙杰, 赵昕. 自动喷水灭火系统应用技术 [M]. 北京：中国计划出版社, 2022.

[42] 李念慈, 李悦, 余威. 自动喷水灭火系统、设备、设计、运行 [M]. 北京：中国建筑工业出版社, 2009.

[43] 沈燕, 高晓元, 何强, 等. 建筑材料 [M]. 北京：北京理工大学出版社, 2024.

[44] 褚冠全, 汪金辉. 建筑火灾人员疏散风险评估 [M]. 北京：科学出版社, 2017.